一学就会的100个编绳技巧

聪明谷手工教室 编

化学工业出版社
·北京·

图书在版编目（CIP）数据

一学就会的100个编绳技巧 / 聪明谷手工教室编.
—北京：化学工业出版社，2019.2（2024.10重印）
ISBN 978-7-122-33401-5

Ⅰ.①一… Ⅱ.①聪… Ⅲ.①绳结－手工艺品－
制作 Ⅳ.①TS973.5

中国版本图书馆CIP数据核字（2018）第283175号

责任编辑：黄 滢　　文字编辑：冯国庆
责任校对：宋 玮　　装帧设计：刘丽华

出版发行：化学工业出版社（北京市东城区青年湖南街13号　邮政编码100011）
印　　装：涿州市般润文化传播有限公司
880mm×1230mm 1/24　印张8½　字数305千字　2024年10月北京第1版第8次印刷

购书咨询：010-64518888　售后服务：010-64518899
网　　址：http://www.cip.com.cn
凡购买本书，如有缺损质量问题，本社销售中心负责调换。

定　　价：49.90元

前言

编绳是人类最古老的手工艺之一，是我国传统文化、民间传统手工制作。

编绳，即绳结编织，是指将各种材质的条状物（绳、线、丝等），进行交叉编织后形成新的衍生品的过程，它是一种创造性的表演艺术。五颜六色的线绳，嵌入花花绿绿的珠宝玉石等配件后，伴随着编、剪、粘的旋律，就会化身为各种可爱的饰品、饰物……

编绳，也是一种老少皆宜的休闲运动。它不仅可以训练人的动手能力，而且通过动手，还开发了大脑，使人的大脑得到适度的锻炼，同时也促进了人们对其他知识的学习。

学习编绳需要用眼睛“看”，并在看的同时进行思考，记住编织的过程；在编织的过程中，要亲自动手操作，期间遇到问题，还要仔细去回想刚才别人是怎么编的，这样就可以开动脑筋、活跃思维，从而达到锻炼“手、眼、脑”三位一体综合协调动作的目的。

对于老年人，常常记忆力会下降，因此，编绳所起到的这些作用会更加明显。只要持之以恒地坚持练习，完全可以重新焕发青春。

对于小孩子，编绳讲究对称，可以培养孩子对对称性的认知；编绳需要耐心，可以锻炼孩子的耐力；编绳需要有一定的空间感，可以培养孩子对物体的感知能力；编绳可以变幻出许许多多形状各异的物品来，会编十字结，就会编万字结、吉祥结，通过举一反三，编绳又培养了孩子的创造性……

灵巧的双手伴随着无穷的创意，一切都是那么简单而又随心所欲！

神奇的编绳世界，人人都可以创造！

本书将带给你充满创意的手工空间，书中为你展示了100个实用的编绳技巧（64个基本编绳技巧和36个编绳实例）。全书作品形式活泼可爱、栩栩如生，有流苏、有编辫、有纽扣结、有梅花结、有同心结、有金刚结、有凤尾结……

不需要购买复杂的工具，也不需要高超的技艺！只需花一点点心思，再按照本书介绍的操作步骤去学习，包你一看就懂，一学就会！

本书由聪明谷手工教室编写而成，李娜老师领衔主编，参与编写的人员还有赵雅雯、高微、闫丽华、张晓雯、吴燕茹、李伟琳、张野。

由于笔者水平有限，书中难免存在不妥之处，恳请广大读者批评指正，并提出宝贵意见。

聪明谷手工教室

目录

材料与工具

上篇　基础篇

目录

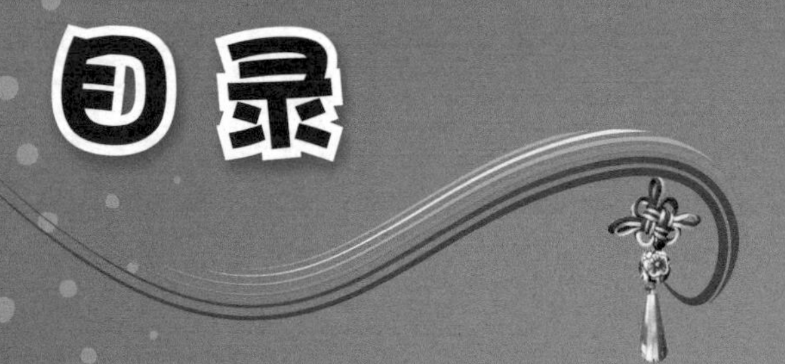

目录

下篇　实例篇

目录

1.用绳

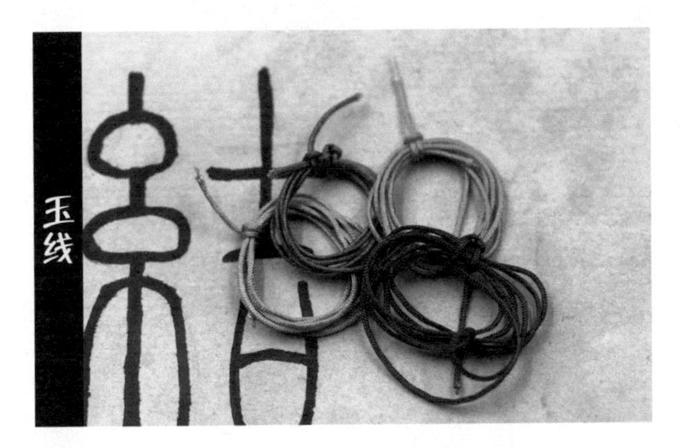

玉线

中国结五号线

麻绳

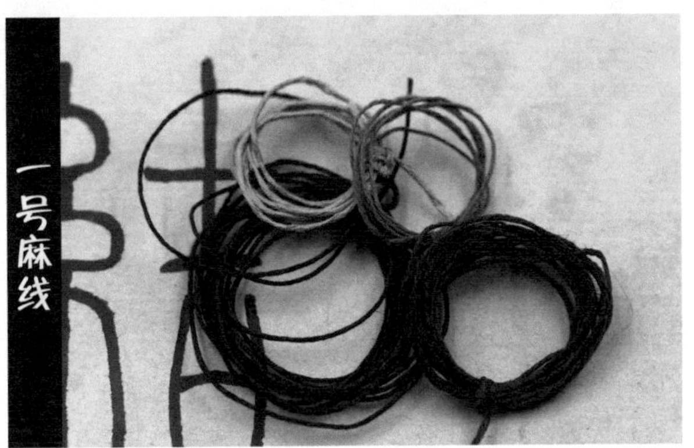

一号麻线

Ⅱ.工具

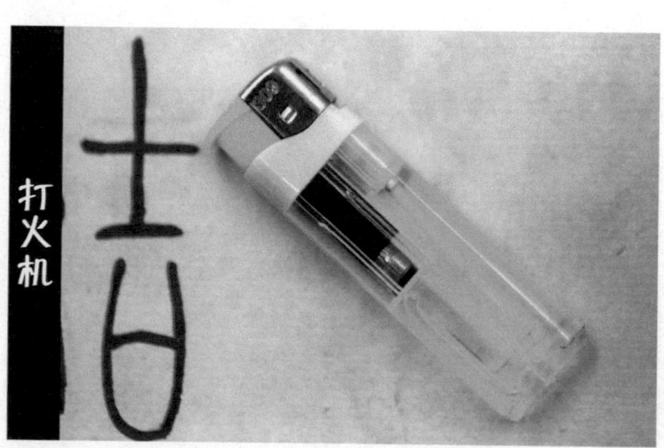

垫板

大头针

镊子

胶水

Ⅲ. 配件

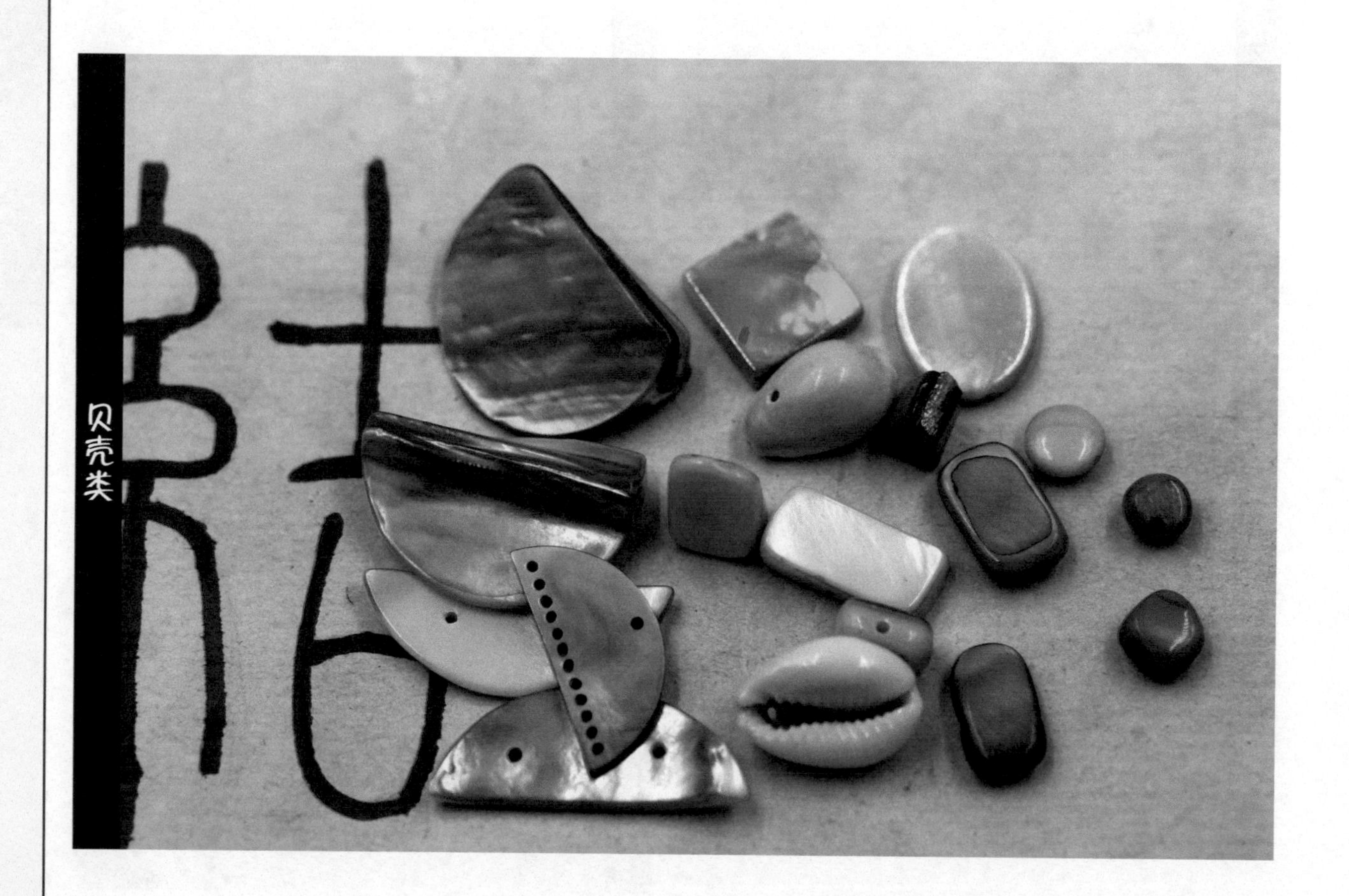

木珠

铃铛

玉石

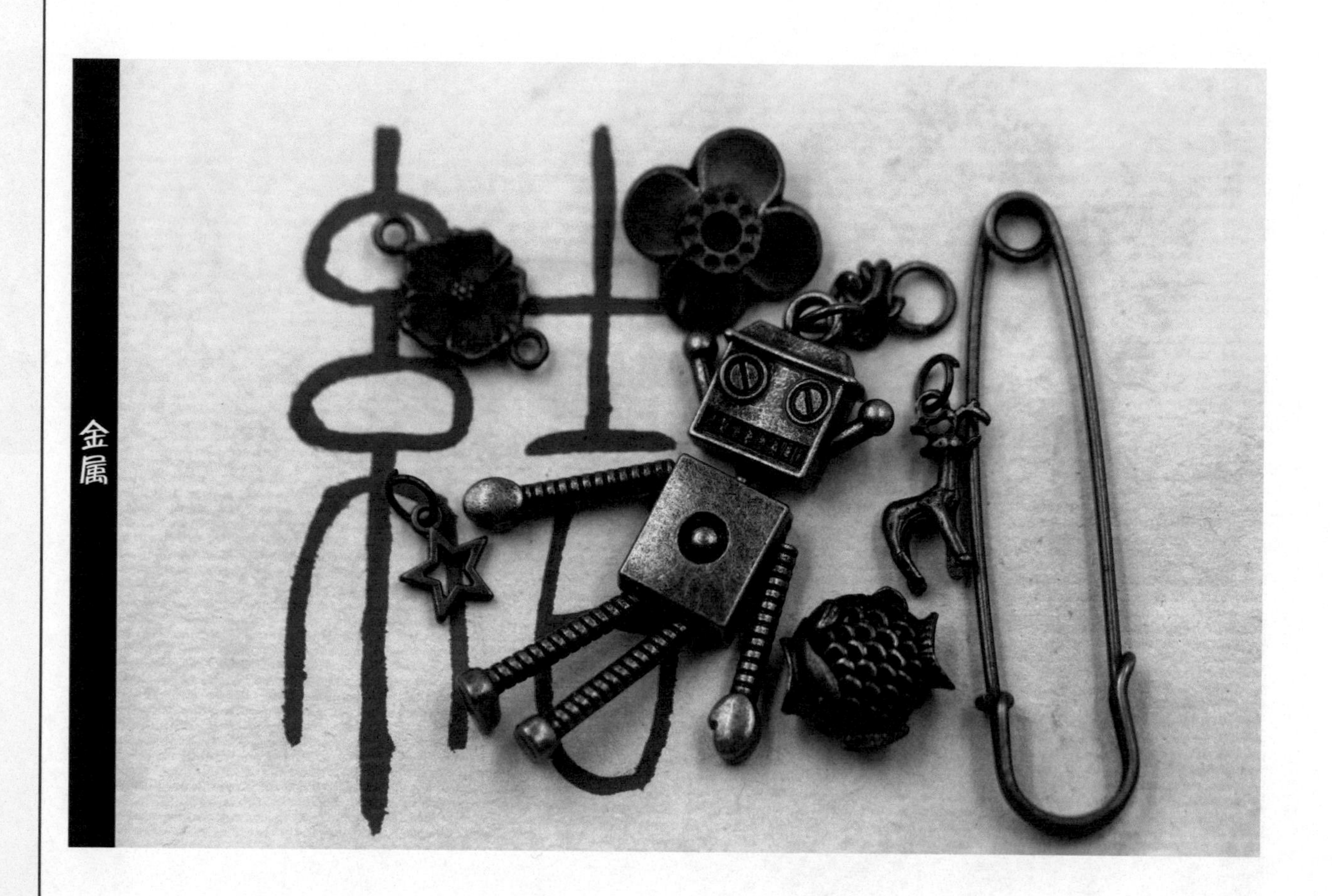

金属

米珠

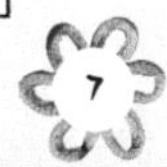

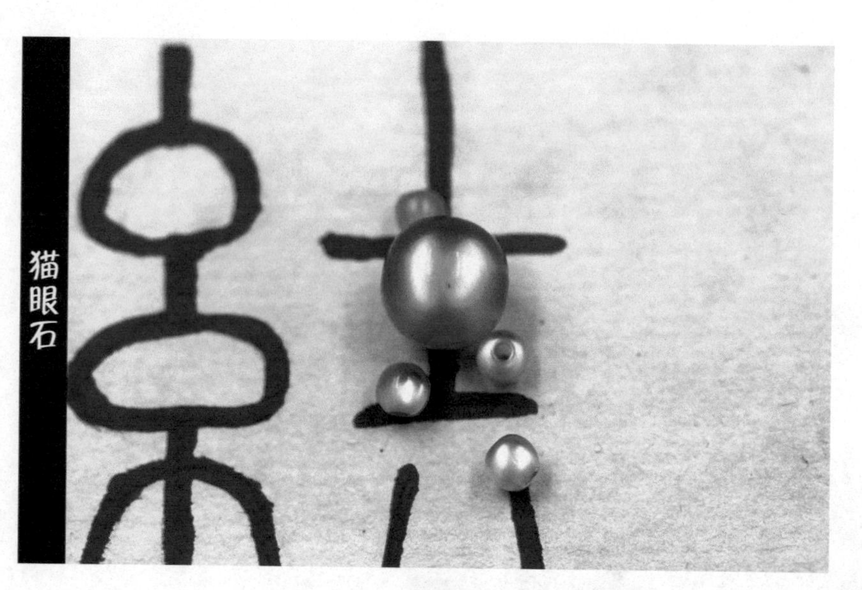

猫眼石

玉珠（玻璃珠）

原石、水晶

软陶珠

其他种类

上篇 基础篇

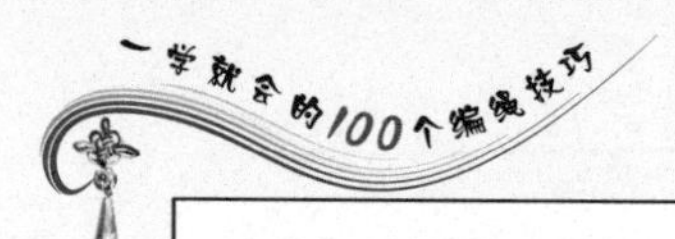

PART1 编绳基础技巧

1. 绕绳

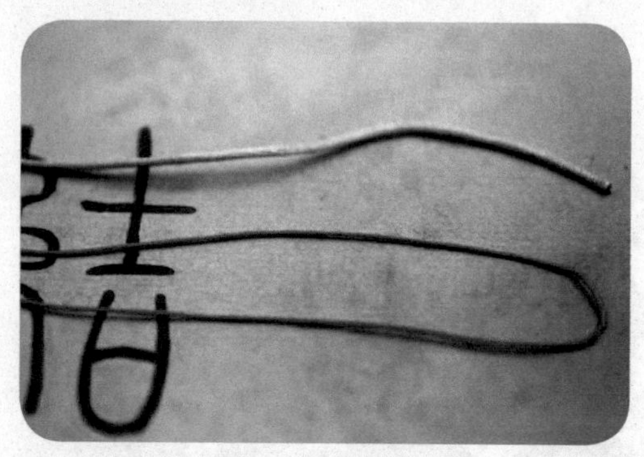

1 准备一根主绳和一根绕绳，将绕绳弯折。

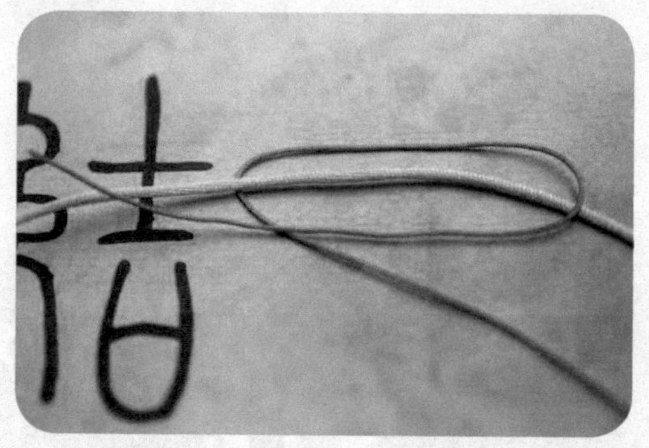

2 将两根绳如图放置。

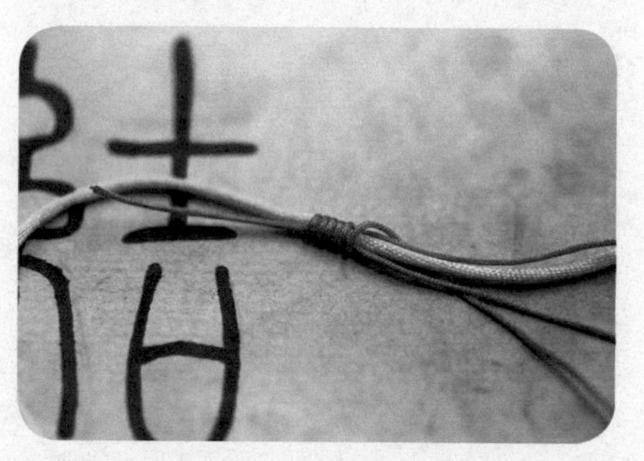

3 在另一头围绕主绳反复进行缠绕。

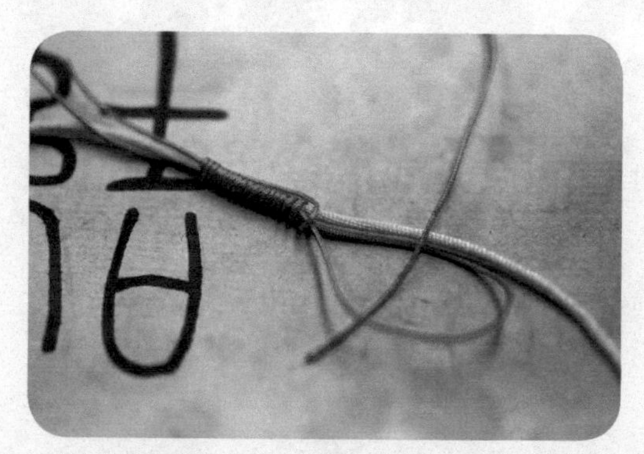

4 缠绕足够长度后如图所示穿出。

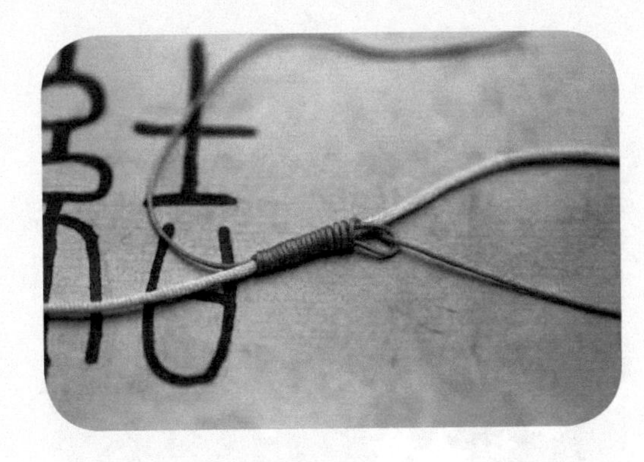

5 穿出后将另一端拉紧。

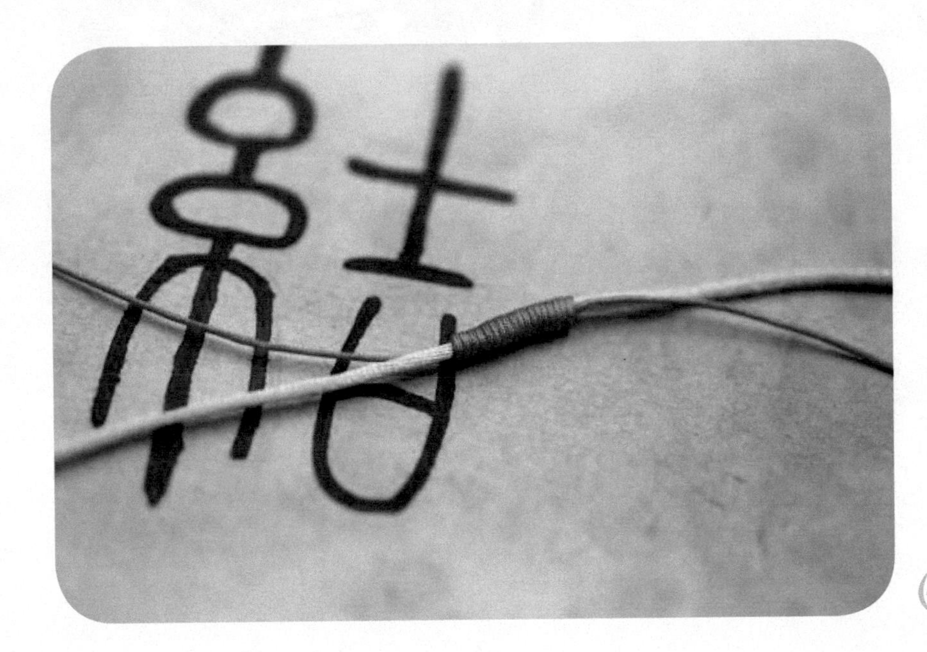

6 完成。

2. 线圈

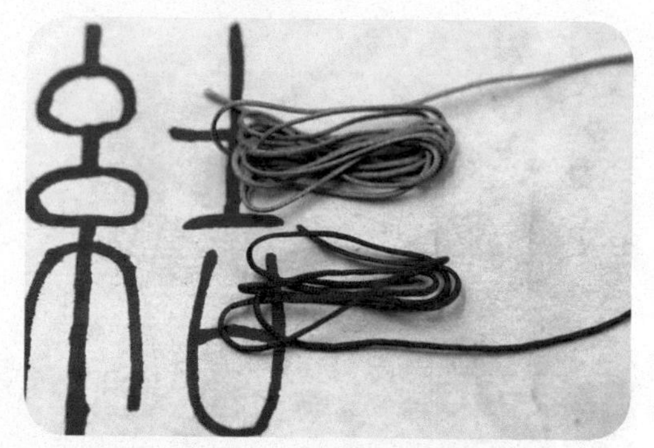

1 选两根玉线（如绿线和紫线）。

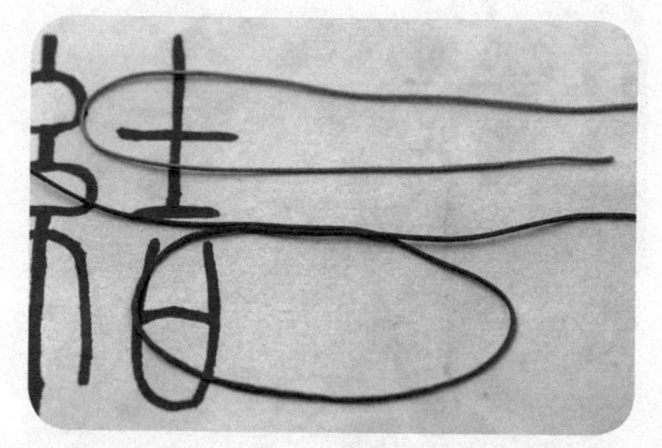

2 将其中一根打一个圈，另一根对折。

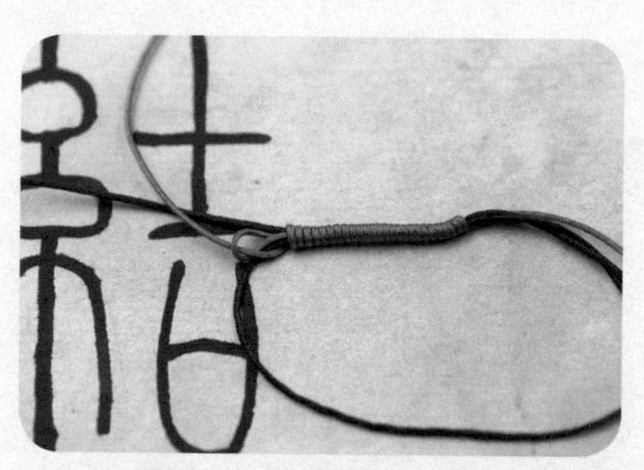

3 按如图所示的摆放方式，用长一些的绿线对另外三段线做绕线的动作，直至所需长度。

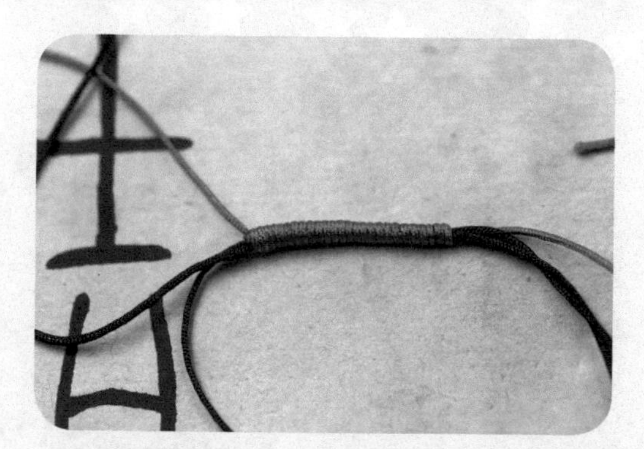

4 完成绕线动作。

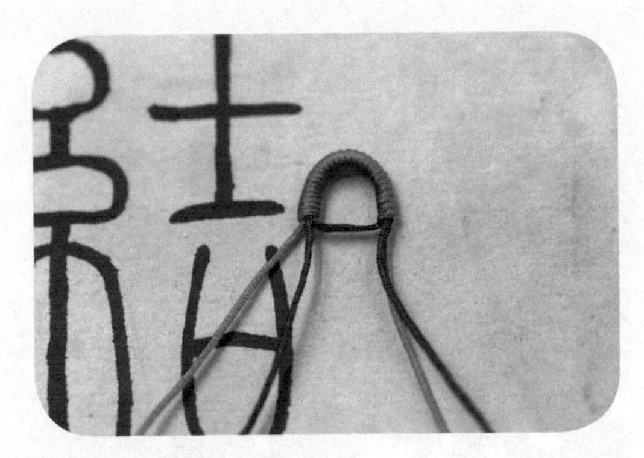

5 拉扯紫线。

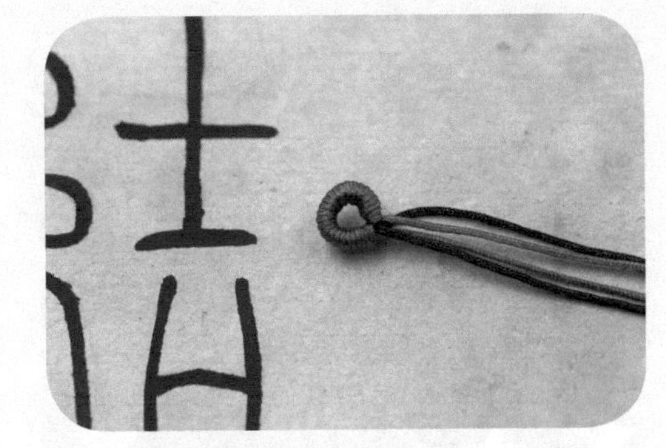

6 直到将其拉扯成一个圈为止。

7 完成。

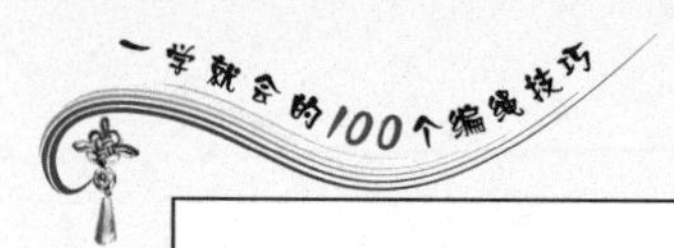

3. 扣环

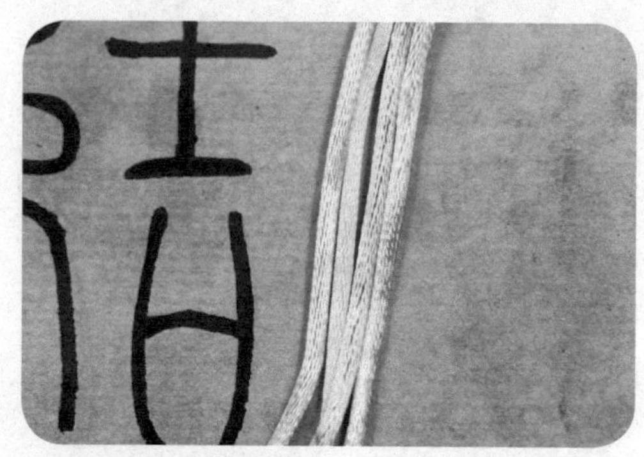

1 准备四根绳。

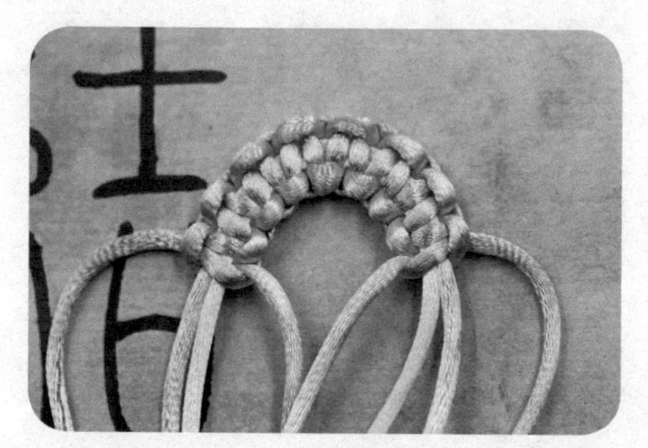

2 在四根绳的正中位置编平结，编到能穿过所需的扣子直径为止。

3 最终两端合在一起的绳有八根，所以可以做个八股辫（详见本书PART4）。扣环可以用任何结来完成，但前提是要知道需要几根绳。

4. 穿珠

1 通常穿珠是一根绳穿一颗珠子，那么如何穿两根或两根以上的绳呢？首先，准备两根绳。

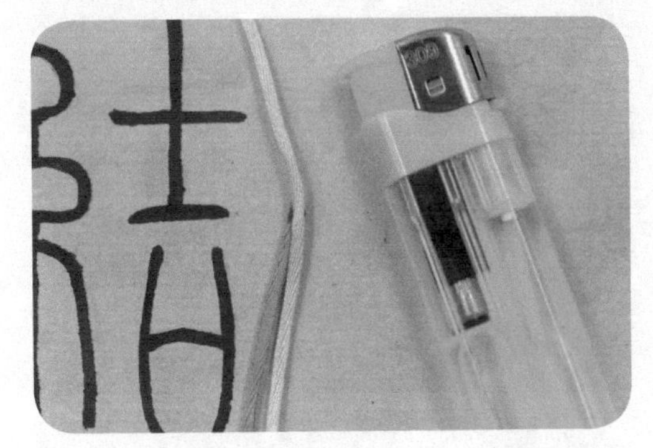

2 将两根绳的绳头烧焦后，以超过一颗珠子的距离粘在一起。

3 这样，一根绳穿过去，另一根绳也会被带过去。

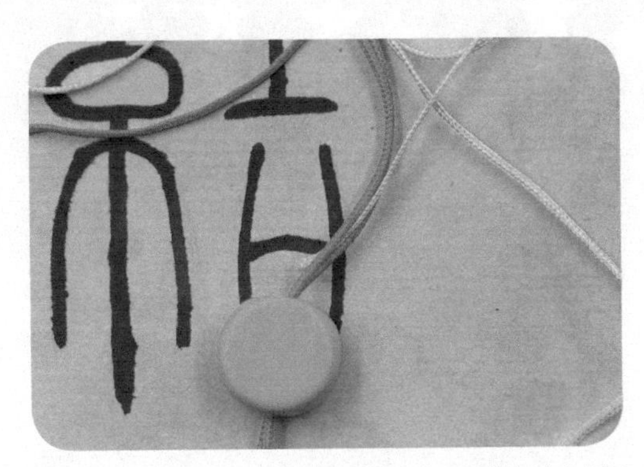

4 大于等于三根绳如何穿珠？首先穿过两根绳。

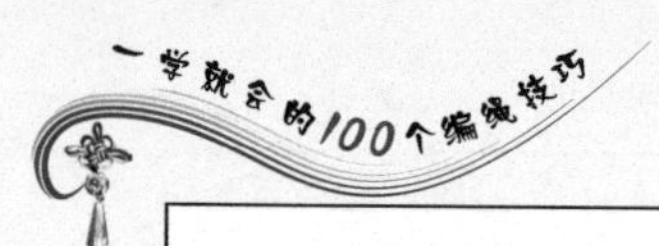

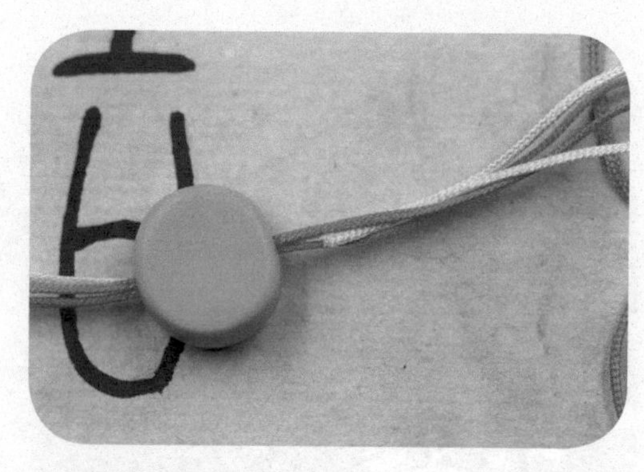

5 将第三根绳夹在两根绳中间，拉扯前两根绳，就可以将第三根绳夹带过去。

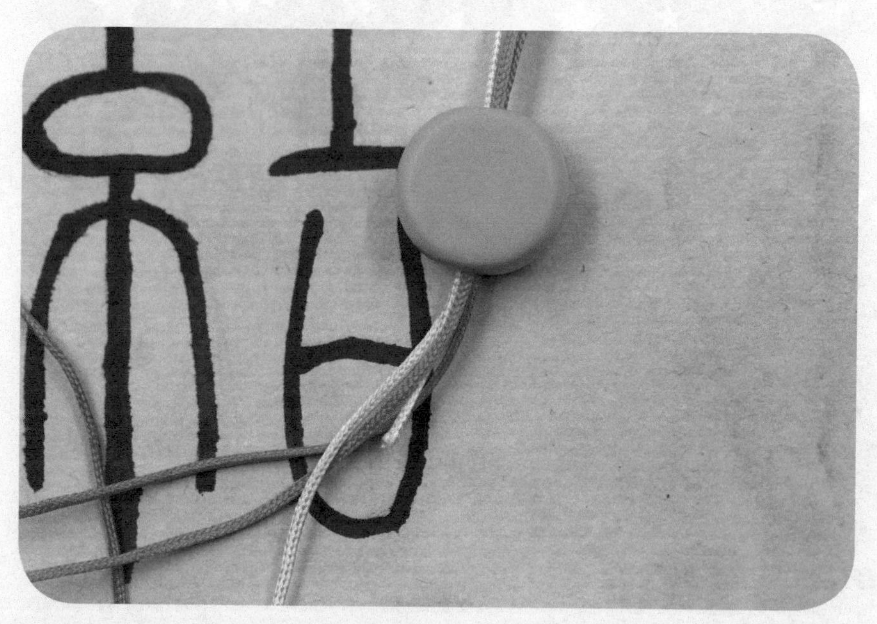

6 用同样的方法将其余绳穿过。

5. 普通流苏

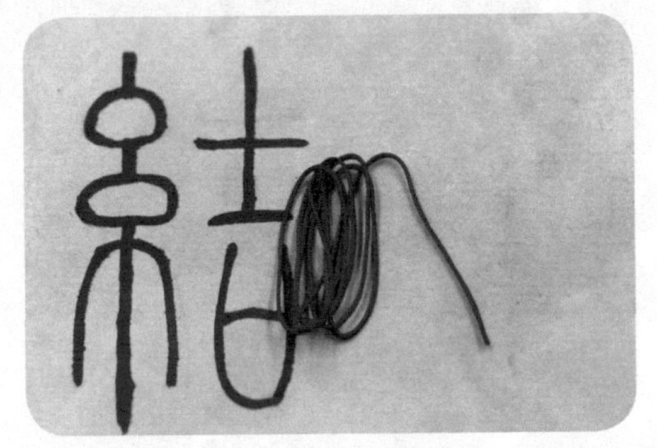

1 准备做流苏的线。根据需要的流苏长度，决定用线的长度。

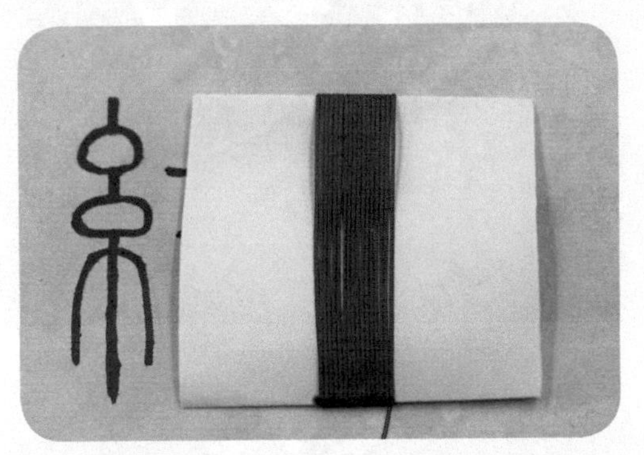

2 可以自己剪一个所需长度的硬纸板，将线缠绕在硬纸板上。

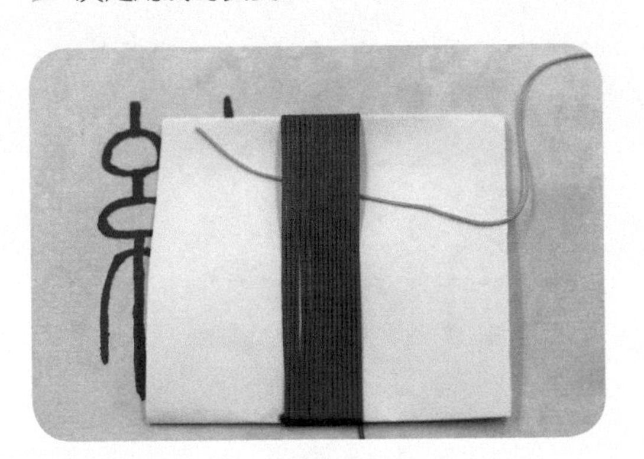

3 再拿出一根黄绳，并将其穿进去。

4 将其中一端系紧，另一端用剪刀剪开。

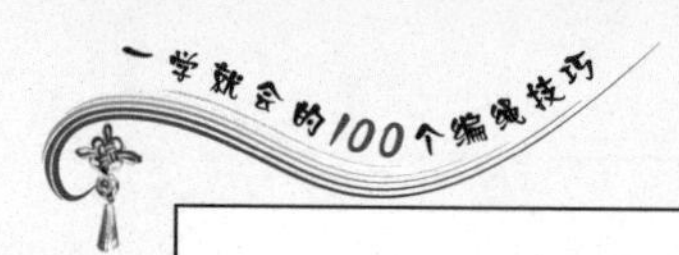

5 结果如图。

6 再做一根吊绳。

7 将吊绳穿进去，其中一端打结，另一端扯出。

8 将流苏线全部拨向吊绳的相反方向。

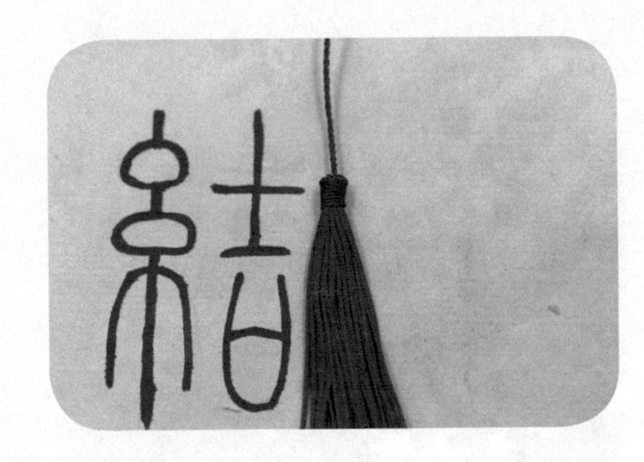

9 在接头处做绕线。

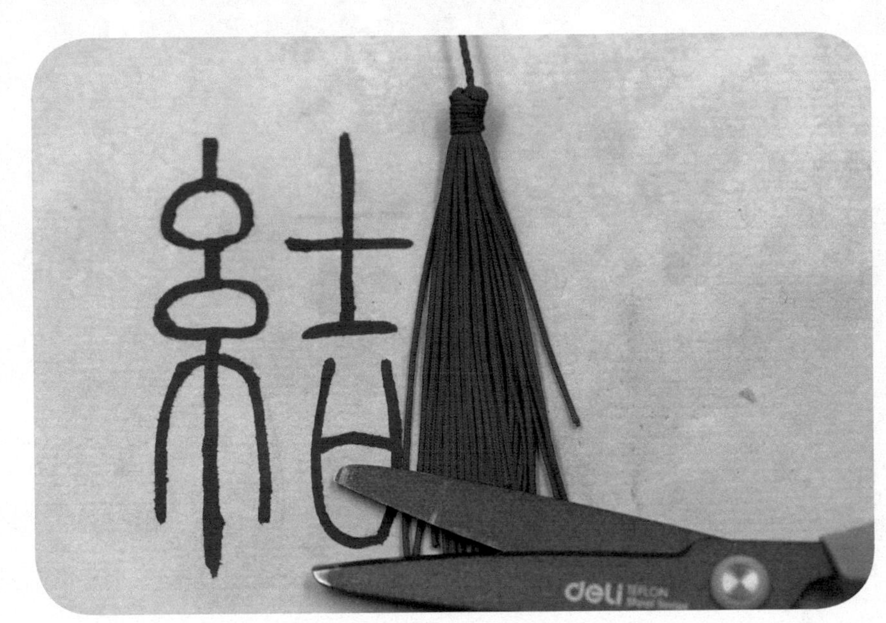

10 最后，将流苏线剪齐即可。

6. 混色流苏

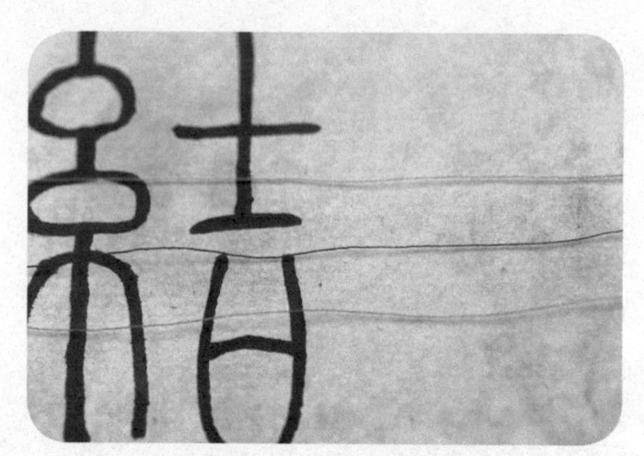

1 依照上一个做流苏的基本流程，可以做混色的流苏。准备两根或两根以上不同颜色的线。

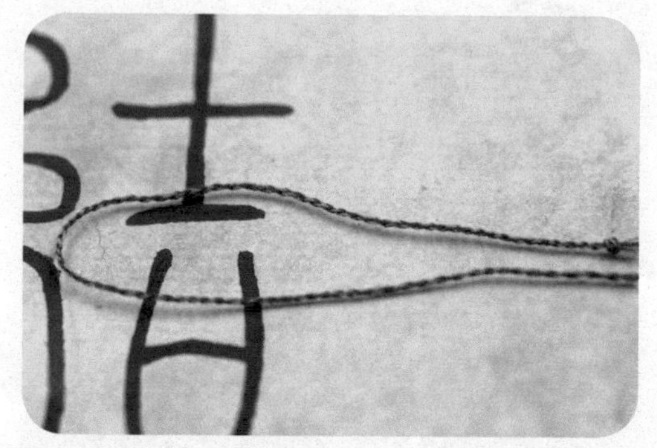

2 首先用这几根线拧成较粗的吊绳。

3 再准备一些流苏线。

4 将吊绳放到流苏线的中间，然后用吊绳绑紧流苏线的正中位置。

5 做绕线。

6 完成。

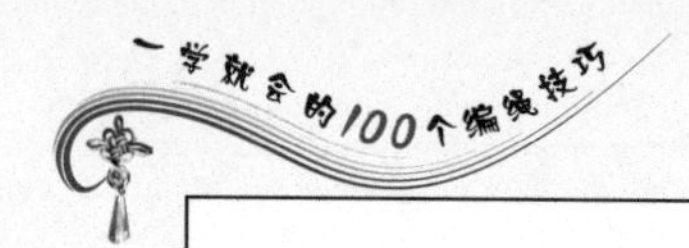

7. 洋葱流苏

1 洋葱流苏是球形流苏，用毛线更容易编些。准备一团毛线，剪成每根8厘米左右的线段，不少于15根。

2 将事先做好的吊绳如图放置，绳结要漏出来。在流苏线的正中位置用线打结。

3 结果如图。

4 在结尾2/3处用线再打个结。

5 从上方拉扯吊绳，使流苏线呈球状后再打结固定其形状。

6 修剪后完成。

8. 线球流苏

1 取若干根中国结五号线，剪成每根长8厘米（数量越多做出的效果越好）。五号线中间有一根可以扯开的细线，找到后扯出来。

2 扯出后的状态。

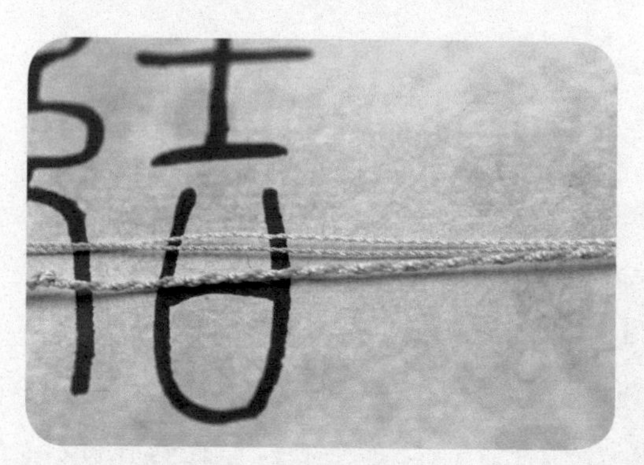

3 留出两根线做一根吊绳。

4 在流苏线的正中打结。

5 修剪完成（如果觉得麻烦，也可以用毛线或比较蓬松的线代替，线的长短可参考所需流苏球直径，一般长度等于流苏球直径的一倍）。

9. 单线纽扣结

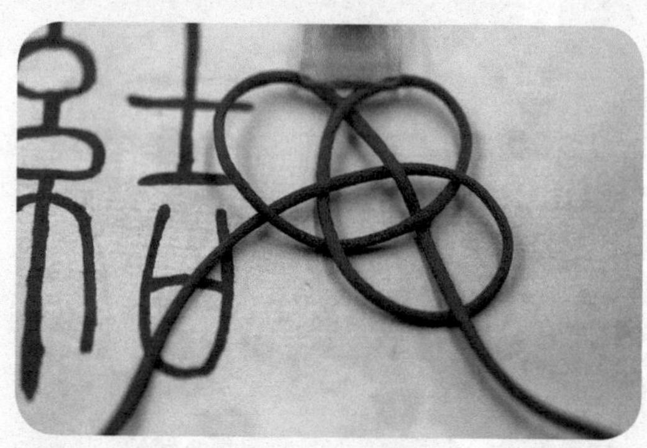

1 编一个双钱结。

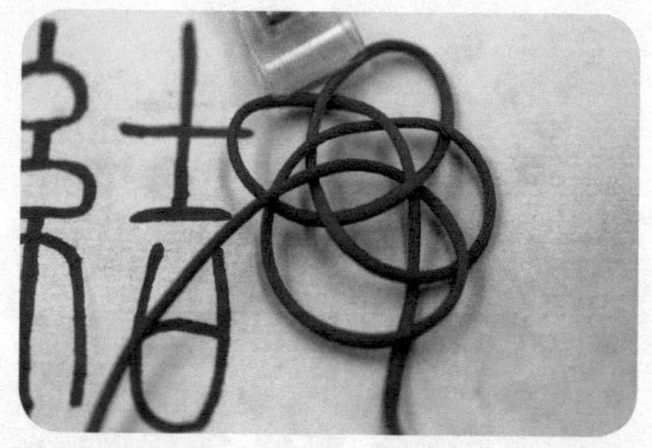

2 用左侧线“压两线、挑两线（即压二挑二）”，从中间的孔穿出来。

3 两端进行轻轻拉扯。

4 完成。

10. 双线纽扣结

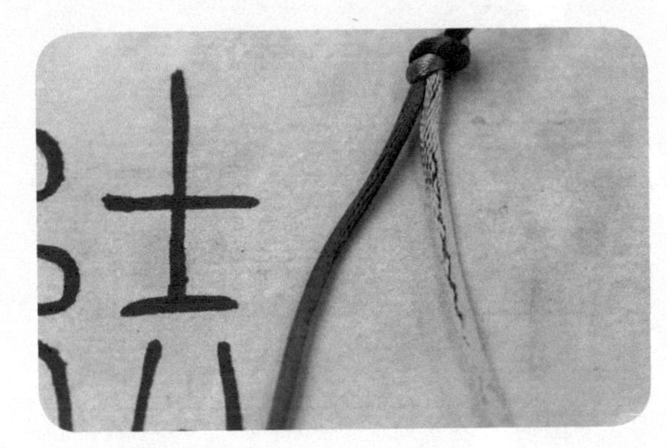

1 准备两根线。

2 打个双钱结。

3 取其中一根线顺时针绕到对侧，从底下穿过中间的方孔。

4 另一根线也顺时针绕到对侧，从底下穿过中间的方孔。

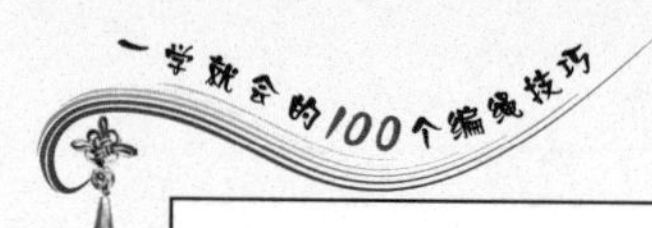

5 将两端的线轻轻拉扯。

6 整理完成。

11. 三线纽扣结

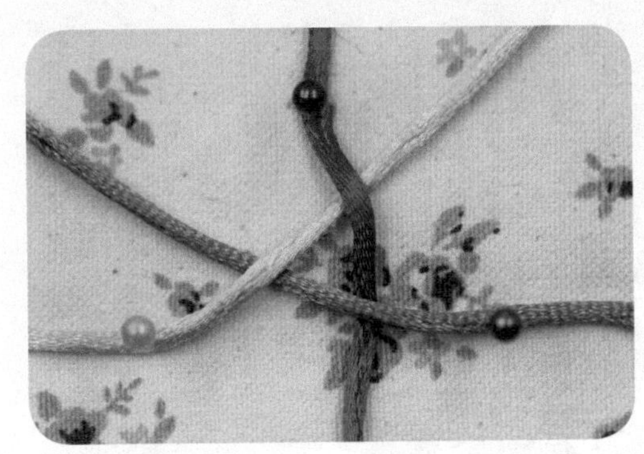

1 准备三根线，采用“压一挑一”的方式，完成第一步。

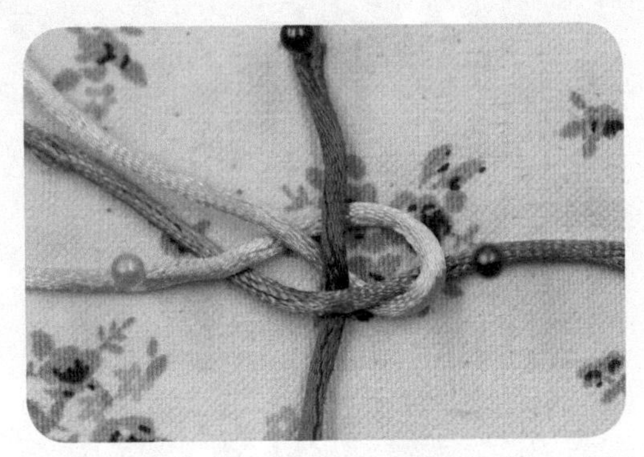

2 取其中一根线顺时针压另一根线，从底下穿过中间的三角孔，完成第二步。

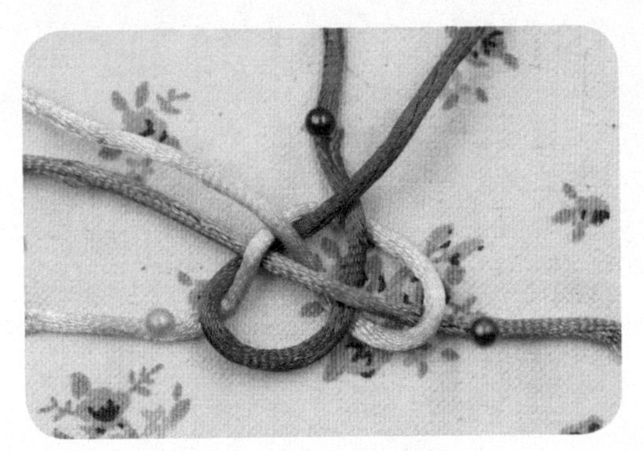

3 将第二根线依次顺时针重复第二步。

4 将第三根线也依次重复第二步。

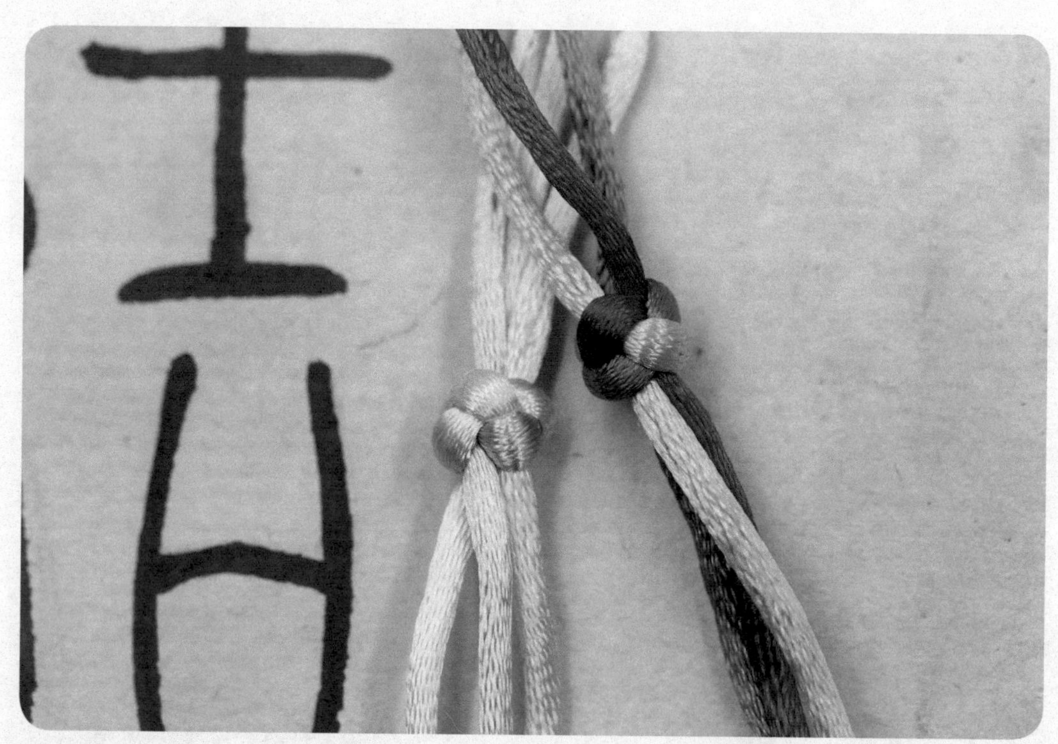

5 拉扯后完成。

12. 四线纽扣结

1 准备四根线。

2 将四根线分开分别放置。

3 选其中一根线顺时针“压一挑一”。

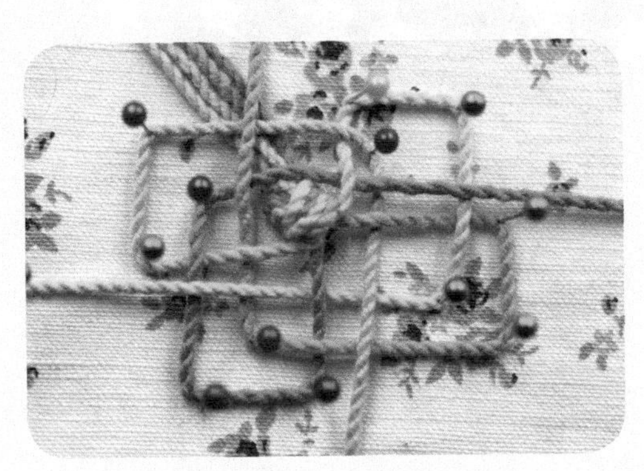

4 继续顺时针将线从下一根线底下挑上来。

5 轻轻拉扯两端散线。

6 完成。

13. 五线十瓣纽扣结

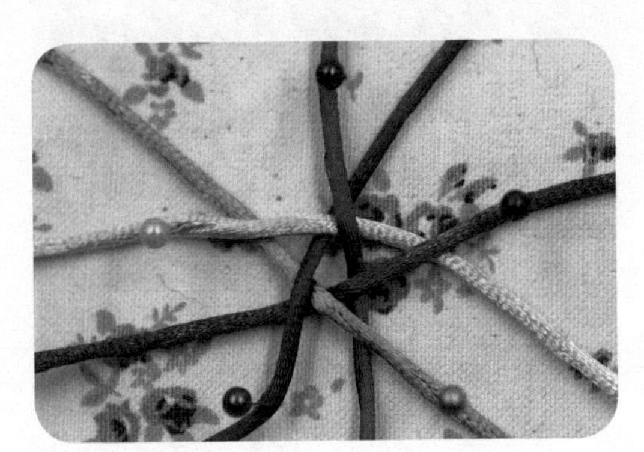

1 准备五根线（红、黄、蓝、绿、紫），顺时针“压二挑二”。

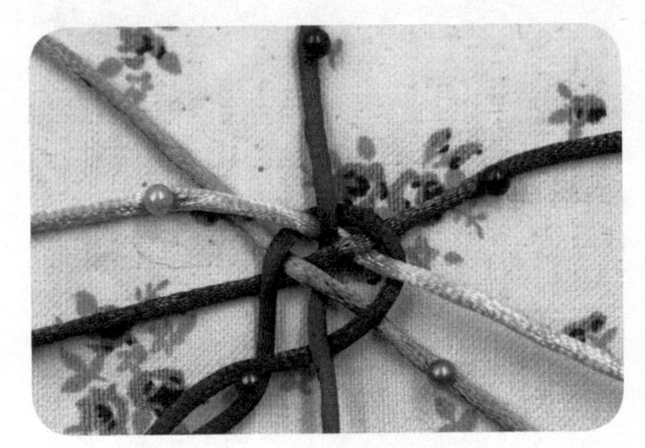

2 取其中一根线，顺时针“压二挑二、压一挑一、压一挑一”，最后压一根线结束在它开头那端。

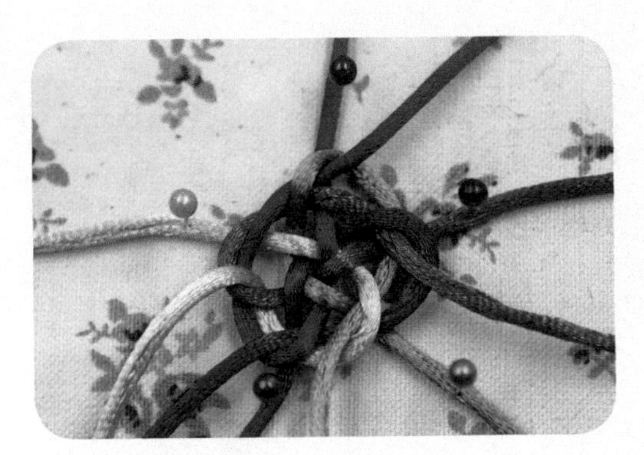

3 其余依次重复第二步。

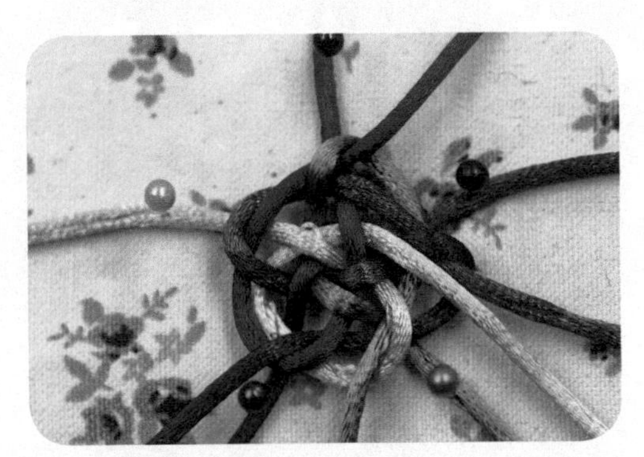

4 接着选取其中一根线（黄线），挑过黄线和顺时针下来的下一根线（顺时针排序，黄线下面是红线）。

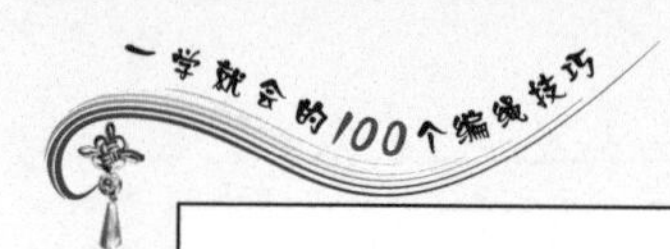

5 其余依次重复第四步。

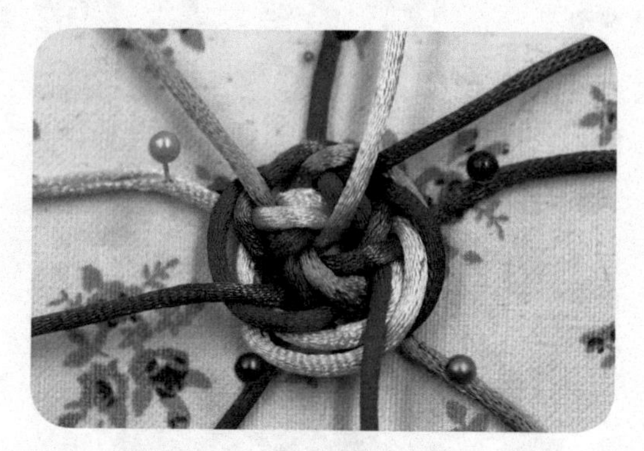

6 取其中一根线（黄线），顺着本颜色线（黄色）的运行轨迹绕到最底下，从中间的五边形孔中穿过来。

7 其余各线依次重复第六步。

8 全部取下来，轻轻拉扯两端的散线。

9 完成。

PART4 编辫

14. 两股辫

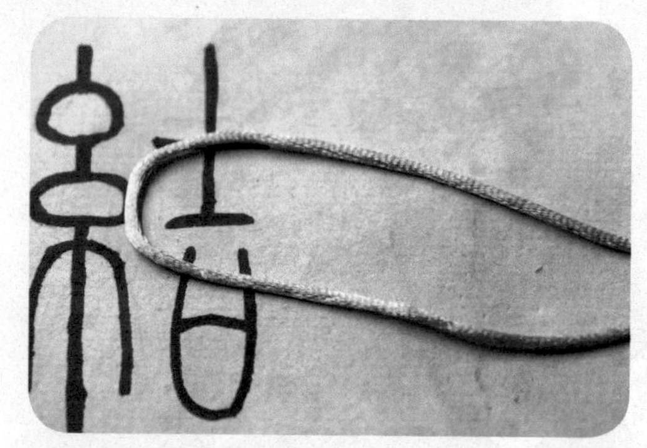

1 准备一根绳，对折。

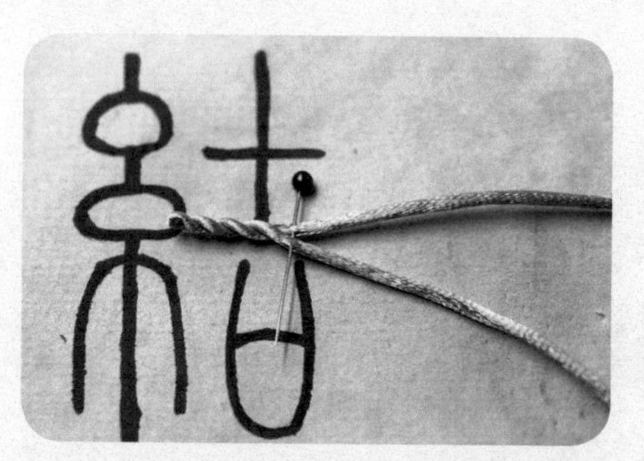

2 对折后，将两根绳向同一方向扭搓，两根绳就会在外力下变形，扭成一根两股辫。

3 完成。

15. 三股辫

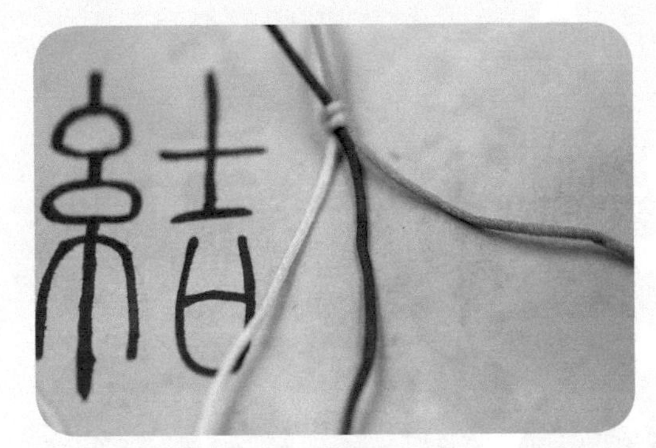

1 准备三根绳（红、黄、蓝），将其中一端全部打结，防止滑脱。

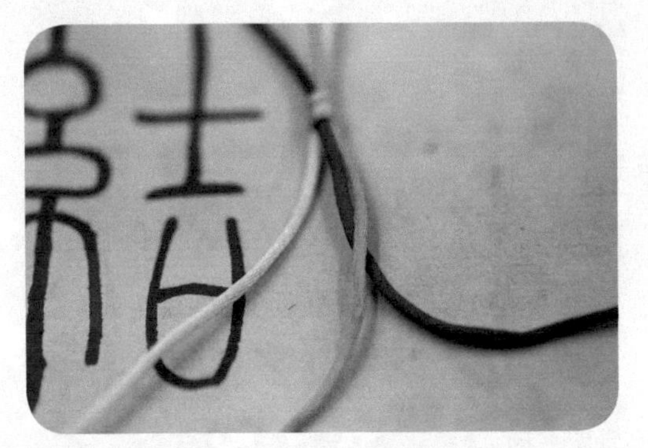

2 将黄绳编至红蓝两根绳的中间。

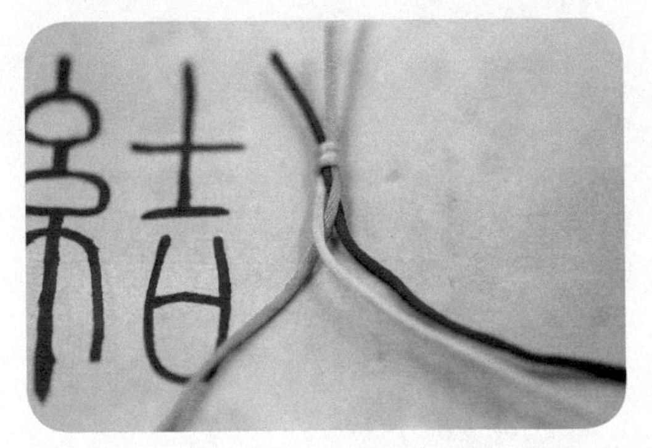

3 再将左侧蓝绳编至黄红两根绳的中间。

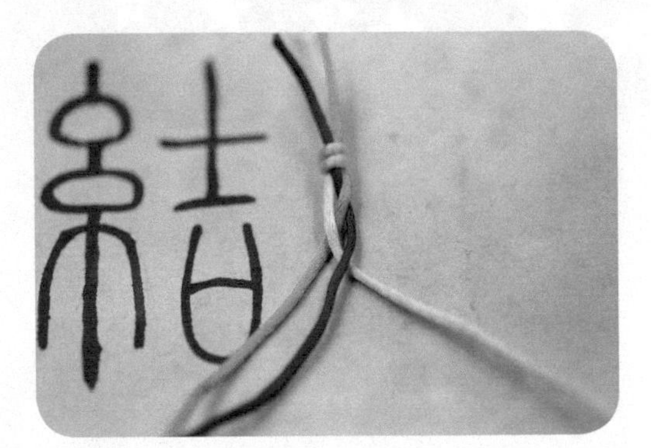

4 然后将红绳编至黄蓝两根绳的中间。

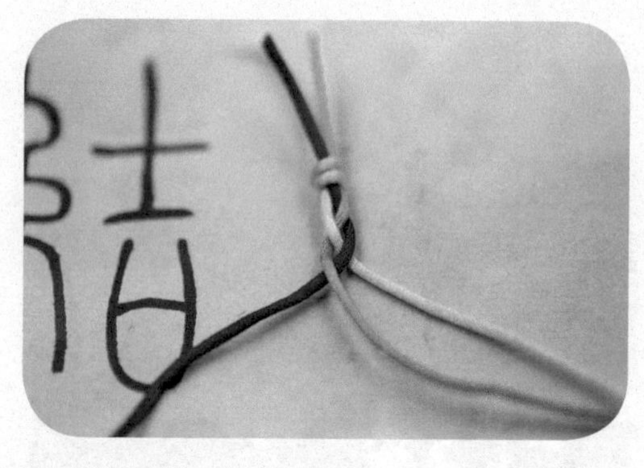

5 持续重复以上三个步骤，直至完成所需长度。

6 完成。

16. 四股辫

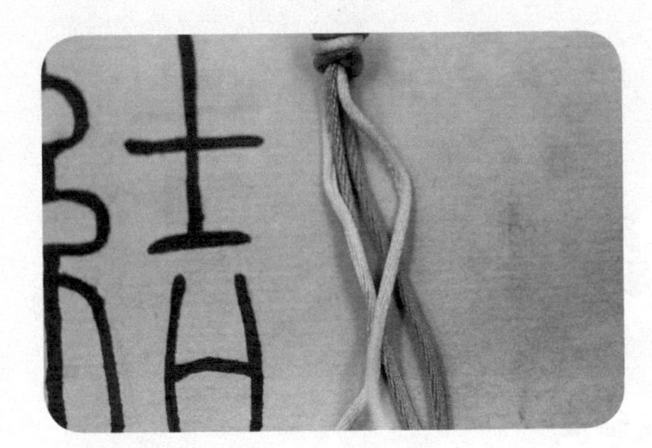

1 准备四根绳。

2 将其中一组对角的两根绳顺时针交叉。

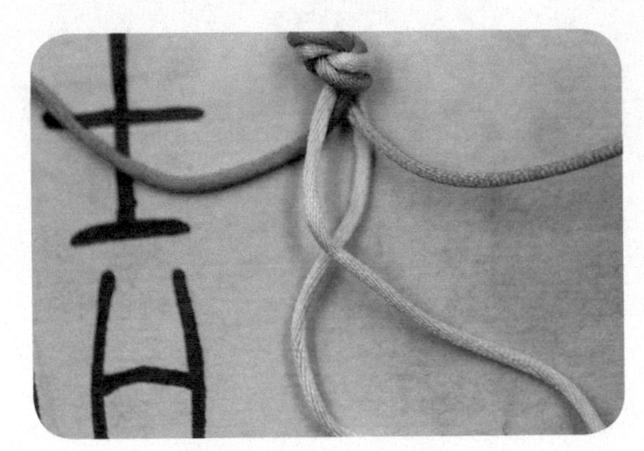

3 将剩下两根对角的绳逆时针交叉。

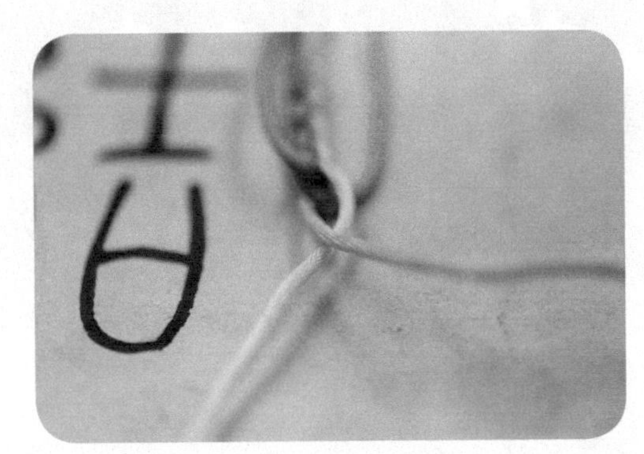

4 重复以上两个步骤。注意一定要一个顺时针交叉接连一个逆时针交叉，否则就变成两股辫了。

5 完成。

17. 五股辫

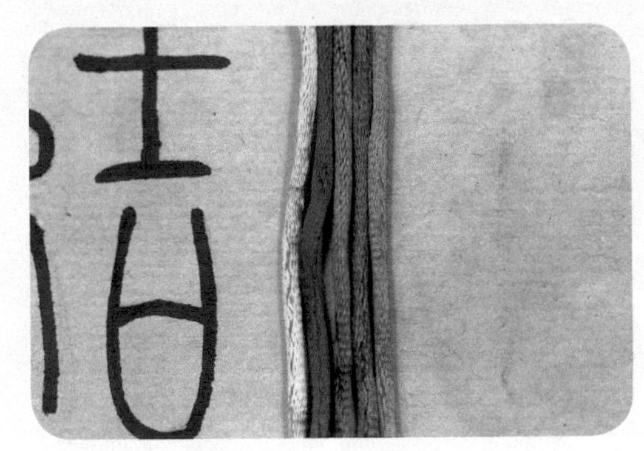

1 准备五根绳。

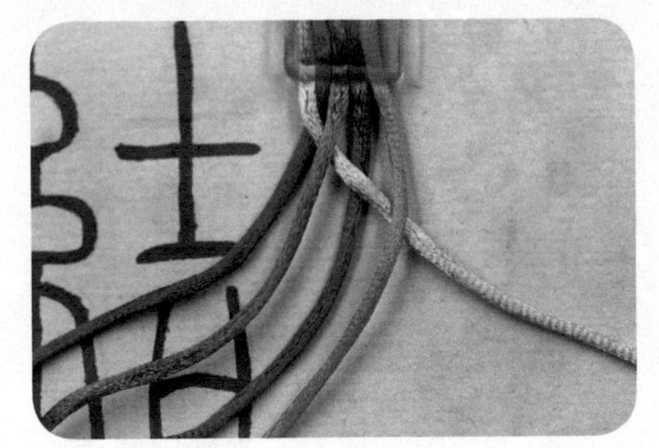

2 将最左侧绳以“压一挑一、压一挑一”的顺序进行编织。

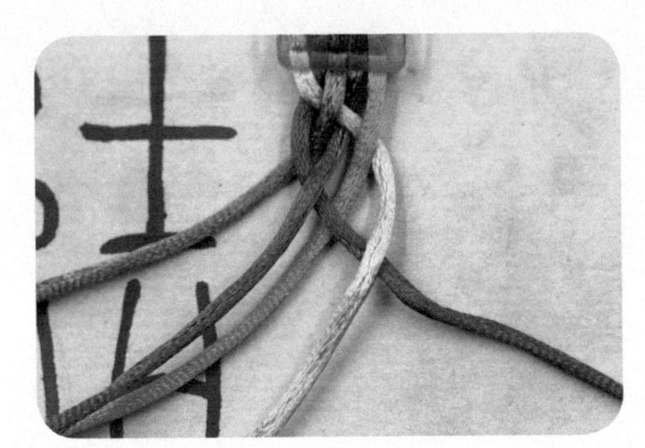

3 重复第二步，直至所需长度。

4 完成。

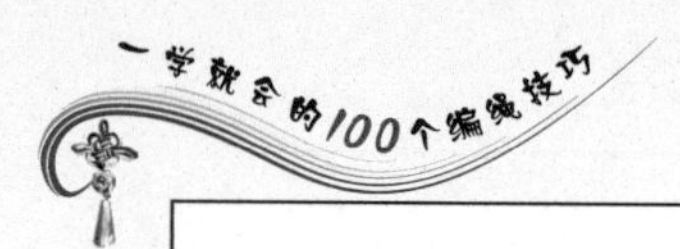

18. 八股辫

1 准备八根绳。

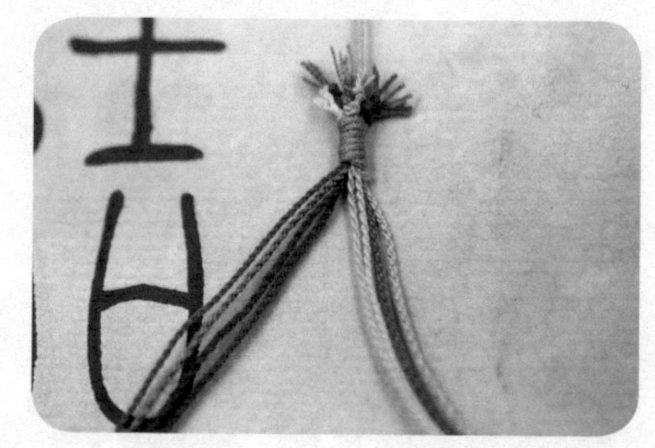

2 每四根绳分为一组，分别放在两侧。

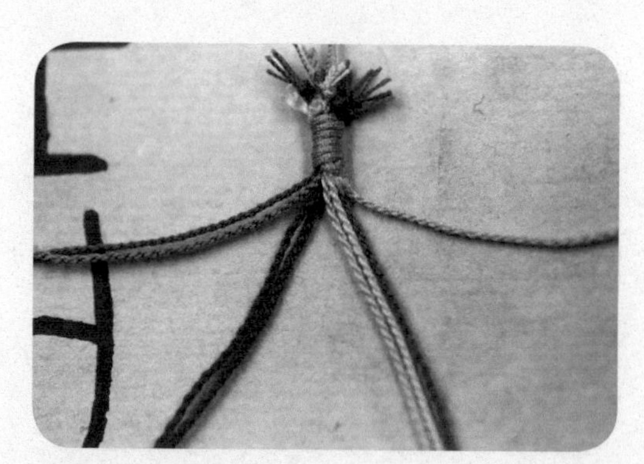

3 再次进行分组。

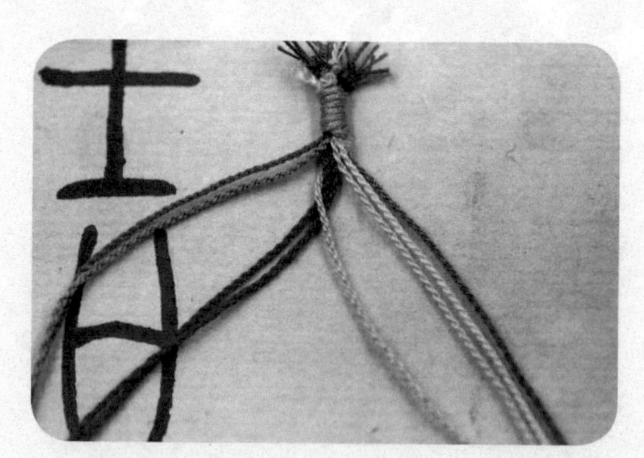

4 将右侧一组最外边的绳由后方绕到左侧一组两根绳的中间穿出，继续放至右侧。

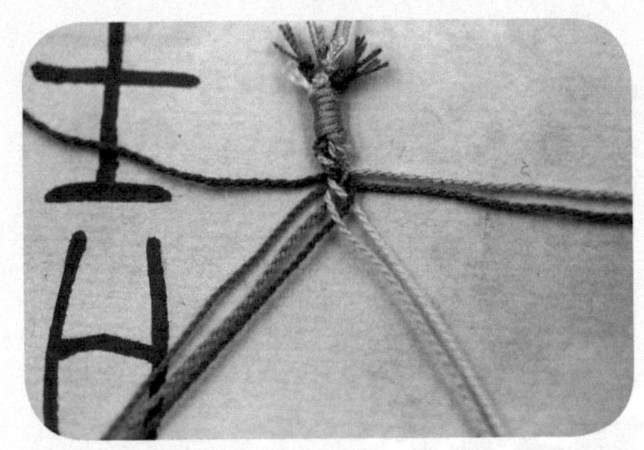

5 接下来再将左侧最外边的绳由后方绕到右侧一组两根绳的中间穿出，继续放至左侧。重复第四步和第五步。

6 完成所需长度。

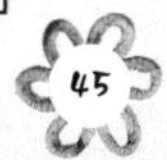

PART5 收尾

19. 扣眼式收尾

1 选择与扣眼大小相匹配的珠子，将待收尾的编绳穿进。

2 打结。

3 完成。

20. 活动结收尾

1 活动结可调节大小和长短，一般用于手环、项链等。

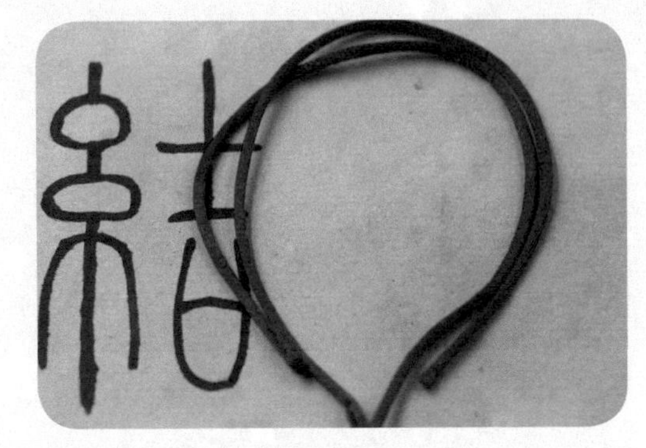

2 将剩余绳尾交叠放置。

3 以其中一根绳为主绳，用另一根绳端为辅绳，围着主绳打一个双联结。

4 将多余的绳剪掉并烧平。

5 完成。

21. 平结收尾

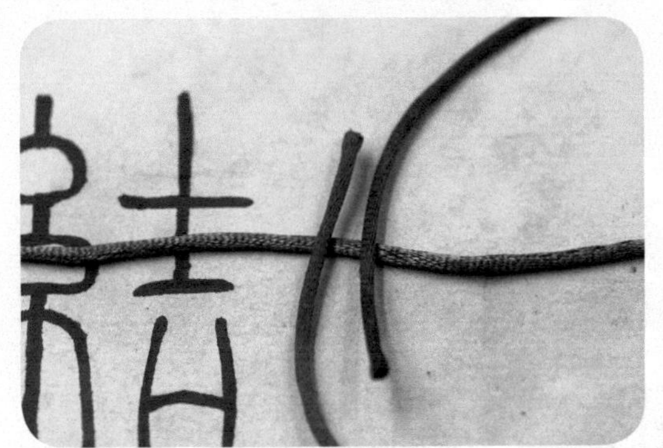

1 将绳尾作为主绳交叠放置，用另一根单独的绳围绕主绳打个平结。

2 编至所需长度，将多余的绳剪掉并烧平。

3 在两根作为主绳的绳端处打结，或添加珠子作为装饰，防止调整大小时滑脱。这种收尾不限于平结，多用于手链或项链。

22. 纽扣结收尾

1 纽扣结多用于吊坠的收尾。

2 在绳尾编一个纽扣结。

3 纽扣结收尾完成。多个纽扣结组成的凤尾结可以作为收尾装饰使用。

23. 平结

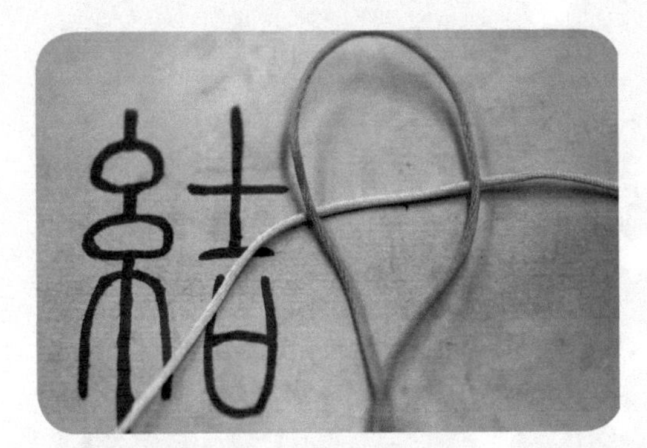

1 准备两根绳，一根作为主绳，一根作为辅绳，如图放置。

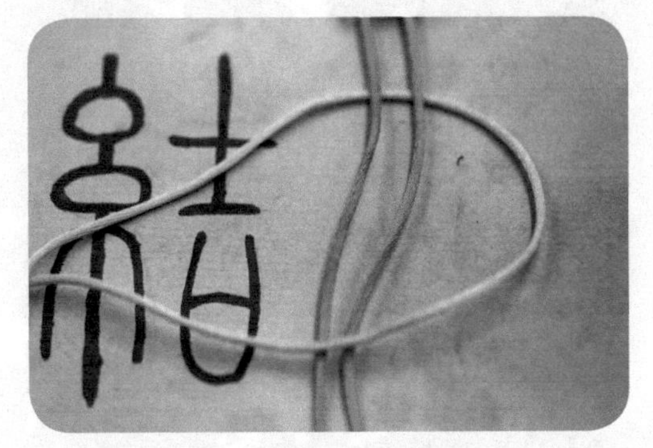

2 首先，将右侧绳从上面编至左边。

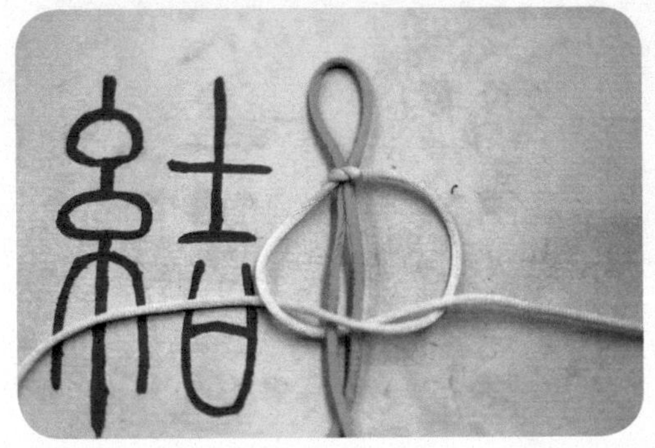

3 然后将左侧绳压过右侧绳，从底下穿到另一边，从右侧绳圈内穿出来（系2个结）。

4 接下来反方向重复第二、第三步。将左侧绳放在上方，右侧绳从下面穿过左侧绳圈。

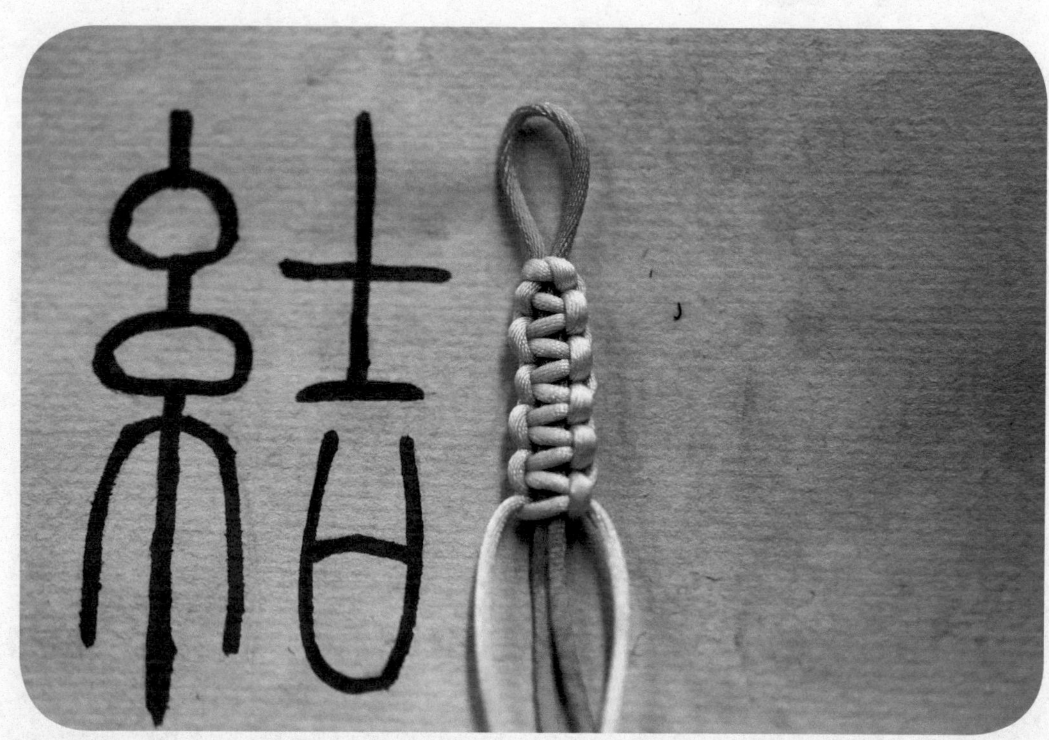

5 完成。

24. 扭结

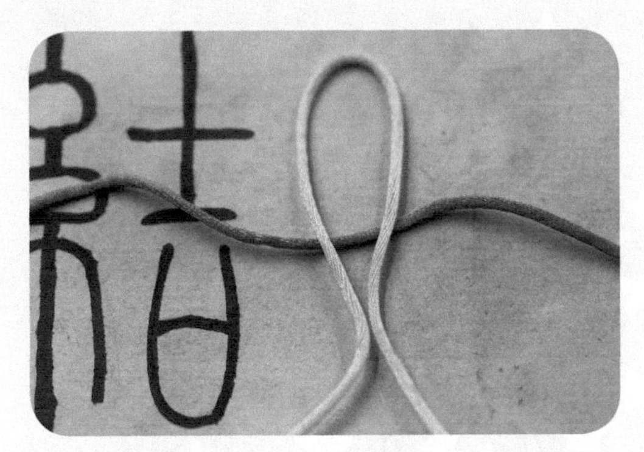

1 准备两根绳，一根作为主绳，另一根作为辅绳，如图放置。

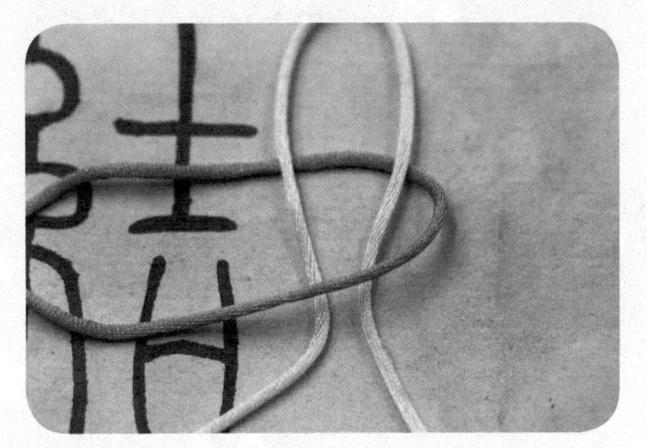

2 首先，将右侧绳从上面编至左边。

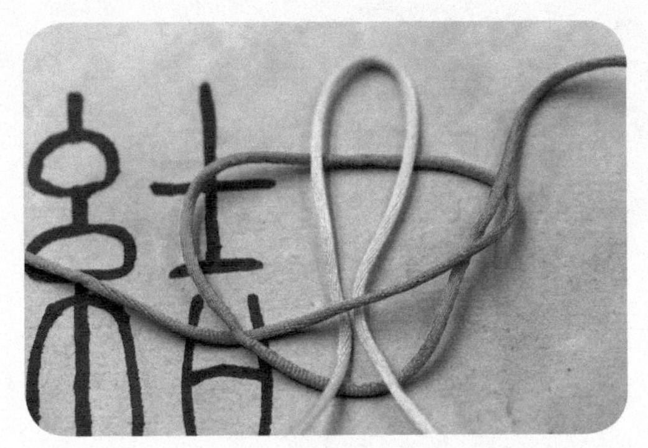

3 然后将左侧绳压过右侧绳，从底下穿到另一边，从右侧绳圈内穿出来。

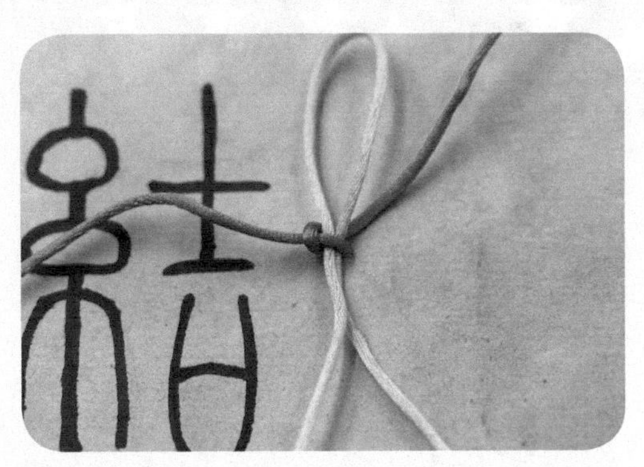

4 完成第一个结。

5 重复以上步骤。

6 完成。

25. 十字扭结

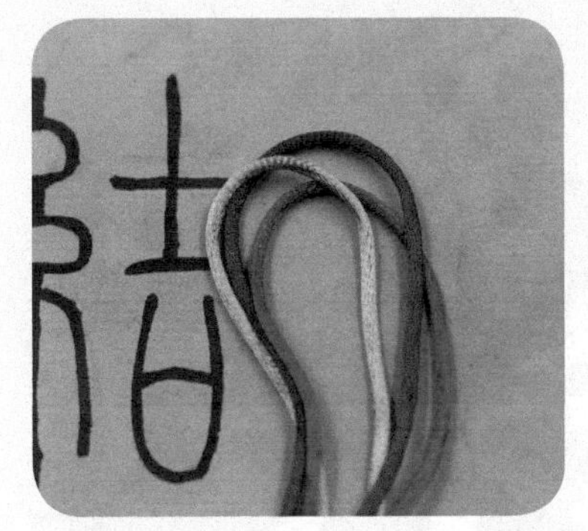

1 准备三根绳，对折，一根作为主绳，另两根作为辅绳。

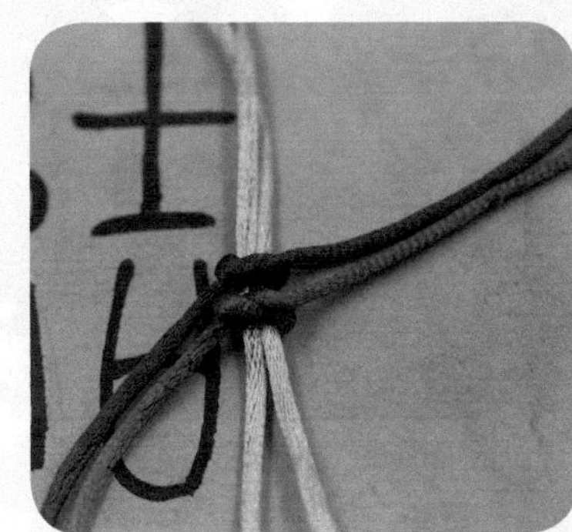

2 用两根辅绳围绕主绳分别依次打两个本结。

3 翻过去。

4 两根辅绳如图放置。

5 用放在下方的一组绳围绕主绳打一个左侧扭结。

6 上一步完成后如图放置，调换上下的位置。

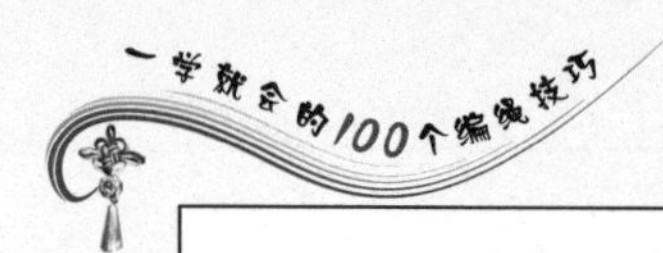

7 用放在下方的一组绳，围绕主绳打一个右侧扭结。注意两根绳按相反方向持续编扭结。

8 编至所需长度，完成。

26. 双线扭结

1 准备三根绳，一根对折，作为主绳，另两根作为辅绳。

2 用两根辅绳围绕主绳分别依次打两个本结。

3 翻过去。

4 辅绳如图放置。

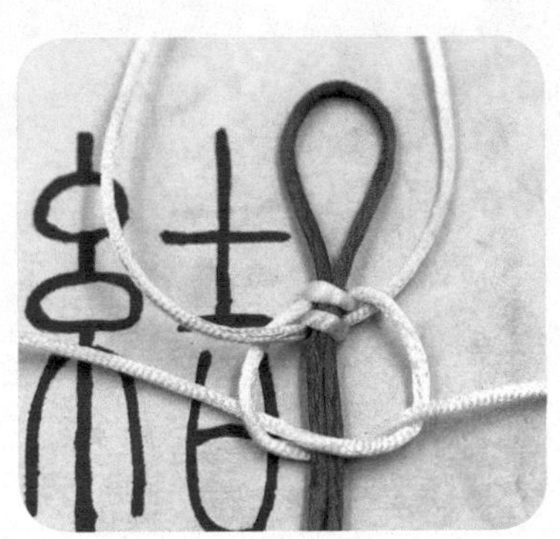

5 用放在下方的一组绳围绕主绳打一个右侧扭结。

6 然后，换下一组绳继续围绕主绳打一个右侧扭结。

7 编至所需长度，完成。

27. 并列平结

1 并列平结以平结为基础。首先准备六根绳，按“左四右二”的方式放置。

2 左侧四根绳以中间的两根为主绳，两边的绳围绕主绳编一个平结。

3 然后将绳以“左二右四”的方式分组。

4 再以右侧四根绳编一个平结。

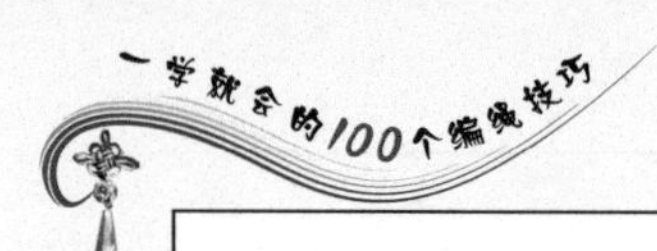

5 重复以上步骤。

6 编至所需长度，完成。

28. 七宝结

1 七宝结也是以平结为基础的。准备八根绳，分别编两个平结。

2 将两个平结并列放在一起，并将两个平结中间的四根绳编一个平结。

3 重复以上步骤。

4 编至所需长度，完成。

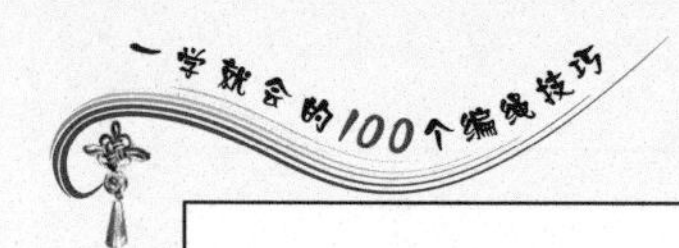

29. 斜卷结（左右、Z字、平行）

1 准备两根绳（如蓝绳和紫绳）。蓝绳作为主绳，紫绳作为辅绳，如图缠绕。

2 将右侧绳由蓝绳左侧下方穿过。

3 将绳收紧。

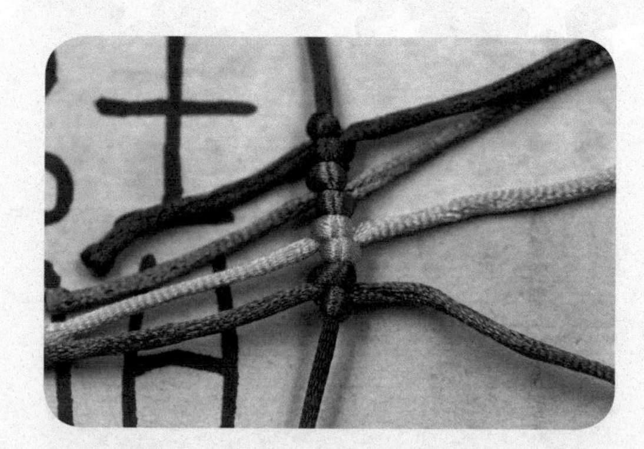

4 完成。

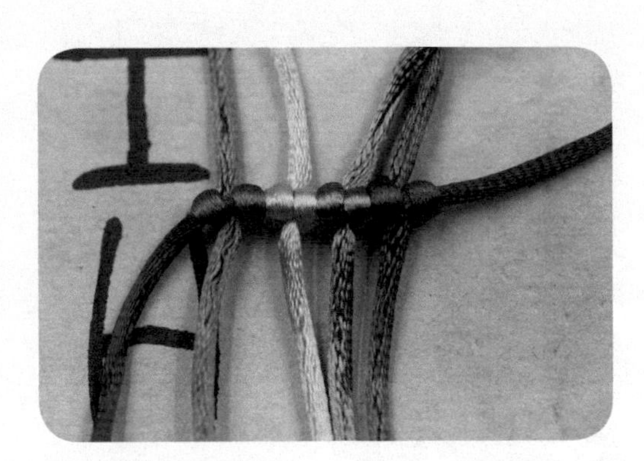

5 斜卷结大多是基础结，用来完成衍生编结。

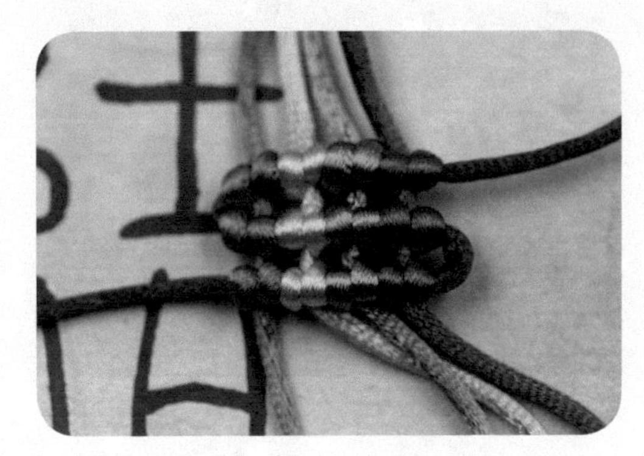

6 例如左右斜卷结：蓝绳一直作为主绳，第一排为右斜卷结，第二排为左斜卷结，第三排为右斜卷结，如此重复，即成左右斜卷结。

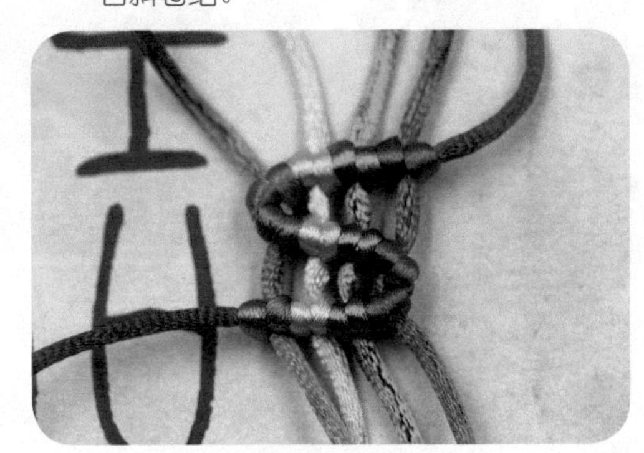

7 再如Z字斜卷结：始终以蓝绳为主绳，编左右斜卷结，但是两排先中间递增预留绳的长度，如此重复，即成Z字斜卷结。

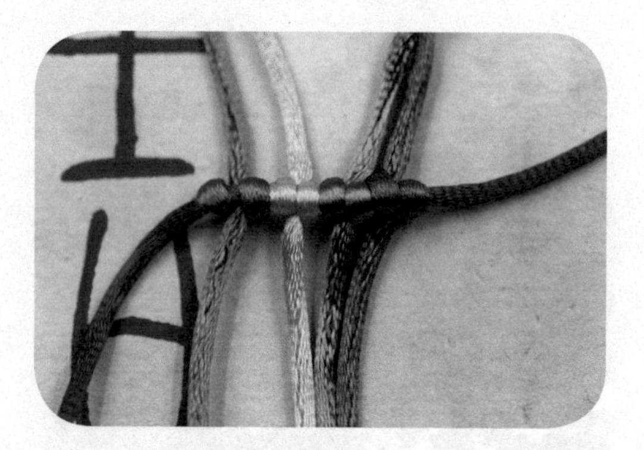

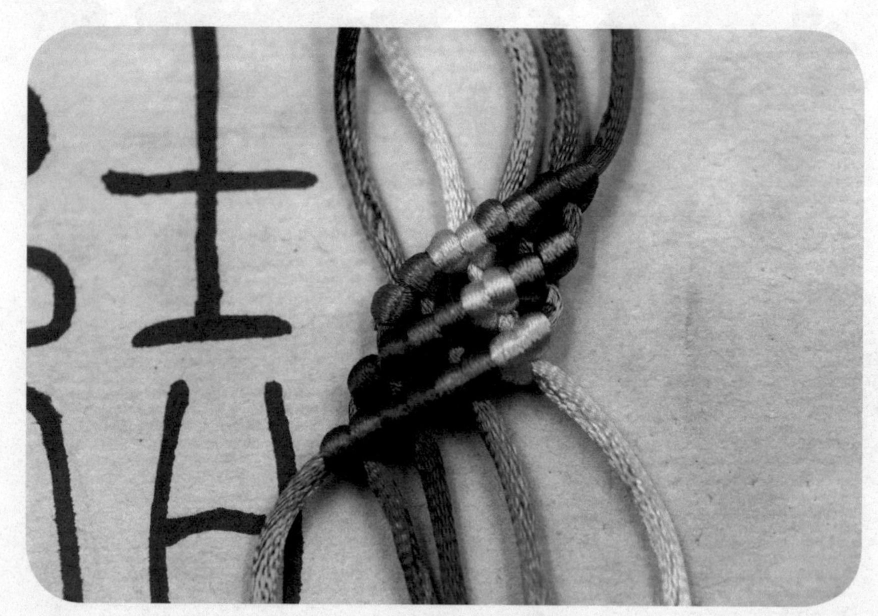

8 还有平行斜卷结，则全部是单向斜卷结：依次将第一根绳作为主绳，持续编单向斜卷结，即成平行斜卷结。

30. 单向轮结（左、右）

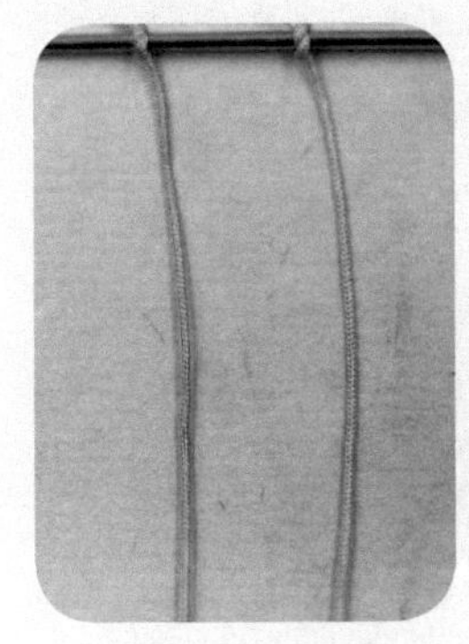

1 右侧轮结：准备两根绳（如黄绳和粉绳），平行放置。

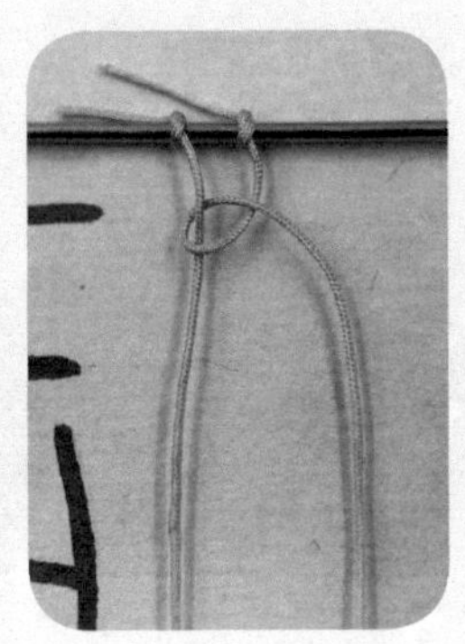

2 以左侧黄绳为主绳，右侧粉绳为辅绳，进行缠绕。

3 重复以上步骤。

4 编至所需长度，完成。

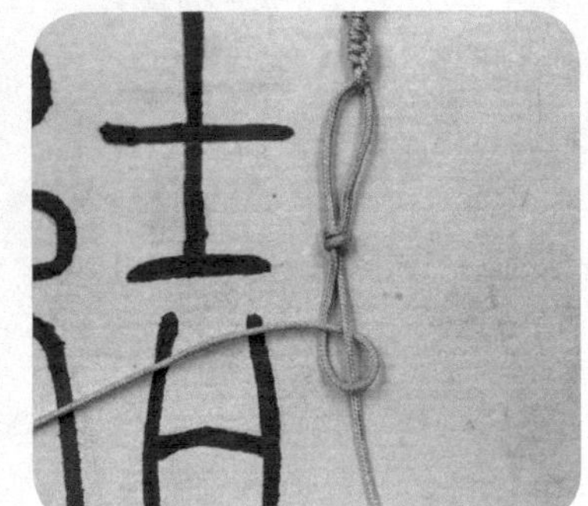

5 左侧轮结：改换右侧粉绳为主绳，左侧黄绳为辅绳，以右侧轮结为标准，重复以上步骤。

6 编至所需长度，完成。

31. 双向轮结

1 准备两根绳（红绳和紫绳）。

2 以左侧红绳为主绳，右侧紫绳为辅绳，编一个右侧轮结。

3 然后以右侧紫绳为主绳，左侧红绳为辅绳，编一个左侧轮结。

4 编至所需长度，完成。

32. 金刚结

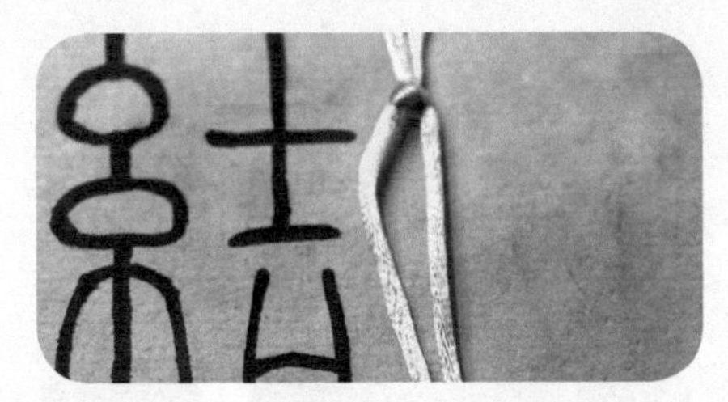

1 准备两根绳。

2 将左侧绳逆时针绕右侧绳一周。

3 然后再将右侧绳顺时针绕左侧绳一周，从绳圈中穿出来。

4 反复重复第二步和第三步，编至所需长度，完成。

33. 蛇结

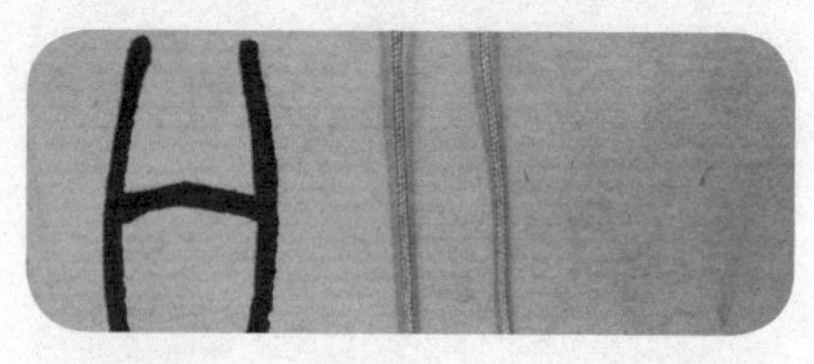

1 准备两根绳。

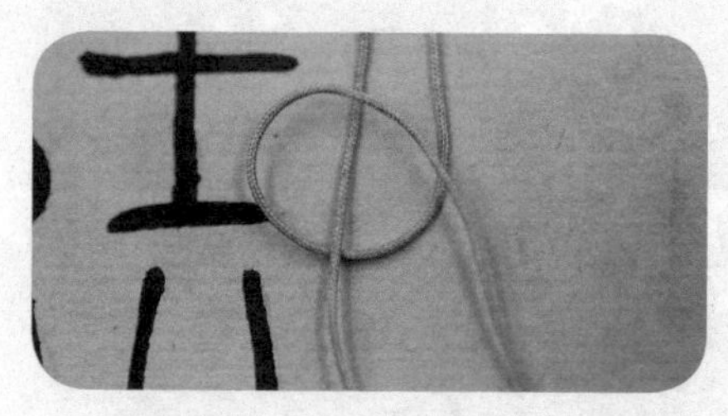

2 将右侧绳逆时针绕左侧绳一周。

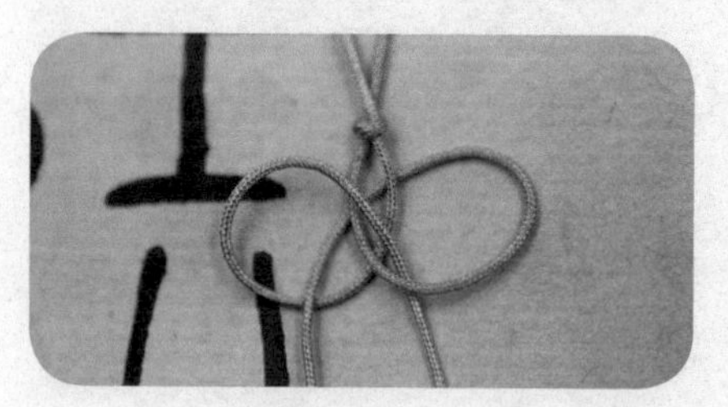

3 然后将左侧绳顺时针绕右侧绳一周，从绳圈中穿出来。

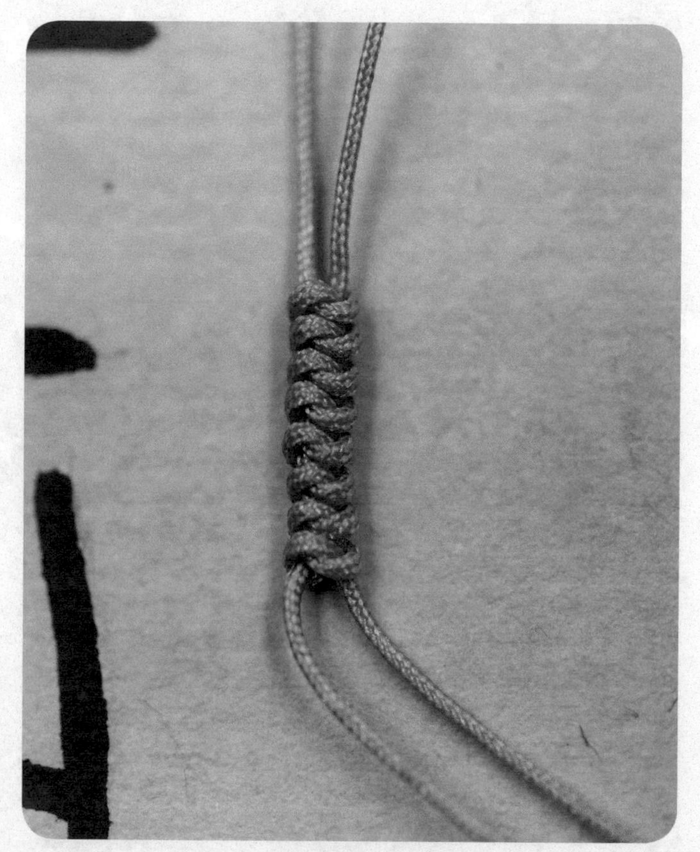

4 重复第二步和第三步，编至所需长度，完成。

34. 单绳双钱结

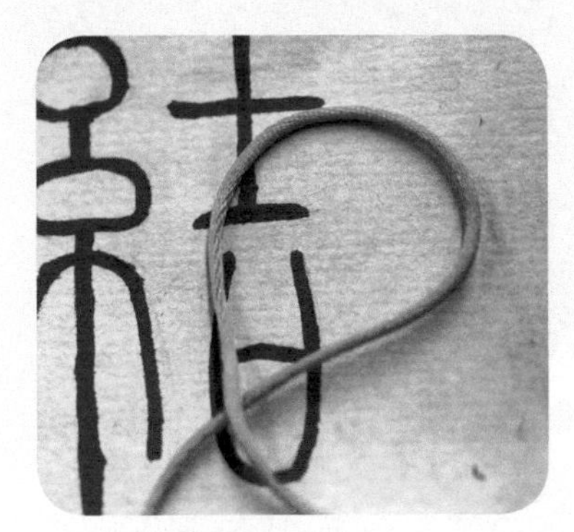

1 准备一根绳。

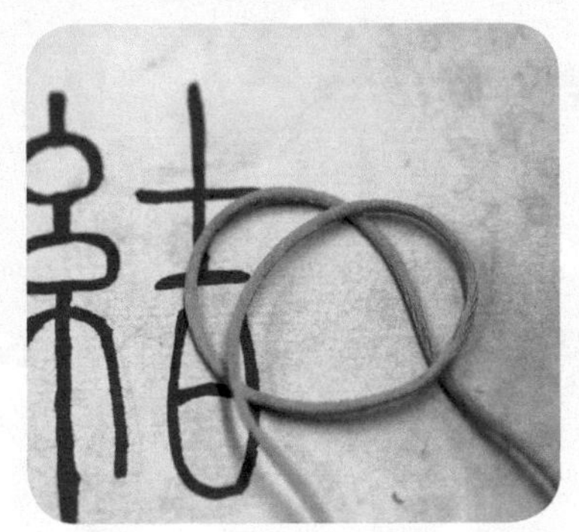

2 将该绳右侧逆时针绕两个线圈后放在左侧。

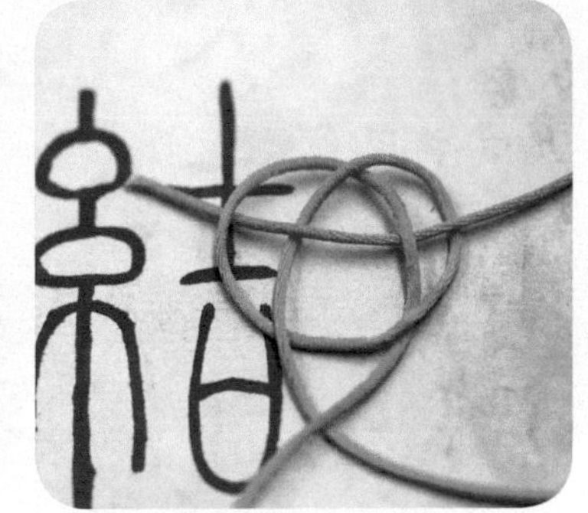

3 继续用该绳左侧挑起右侧，以“压一挑一、压一挑一”的顺序穿过两个线圈。

4 得出如图形状，然后拉扯此绳两端将其收紧。

5 完成。

35. 双绳双钱结

1 准备两根绳。

2 将左侧绳逆时针绕个线圈。

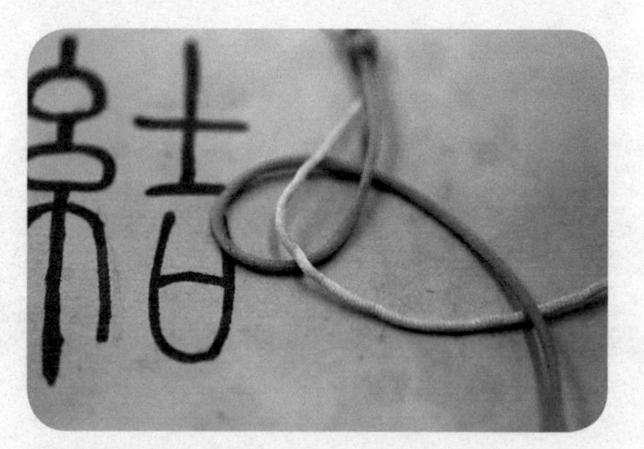

3 将左侧绳从右侧绳底下穿过去。

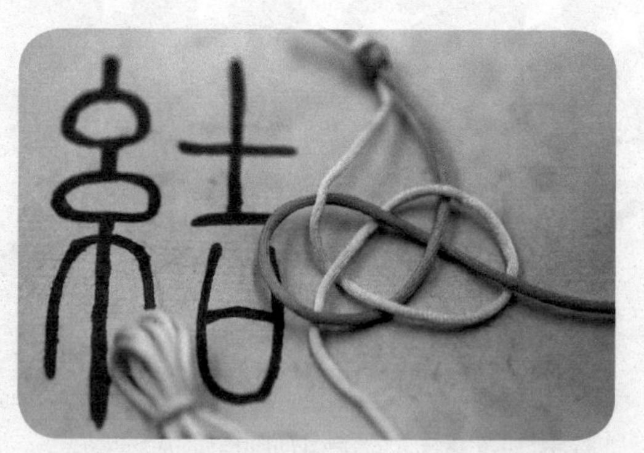

4 然后将左侧绳逆时针以“压一挑一、压一挑一”的顺序穿过去。

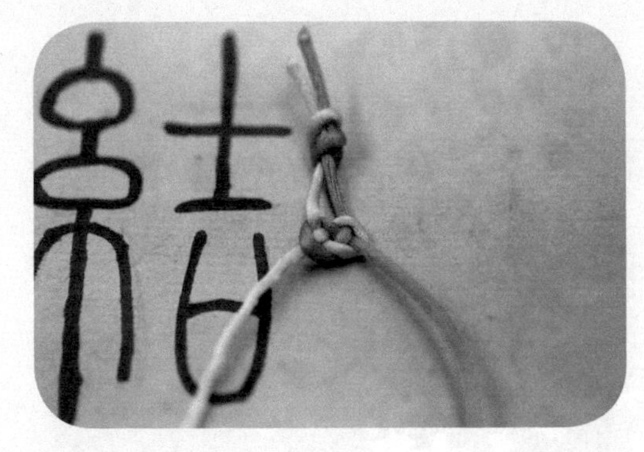

5 收紧绳。

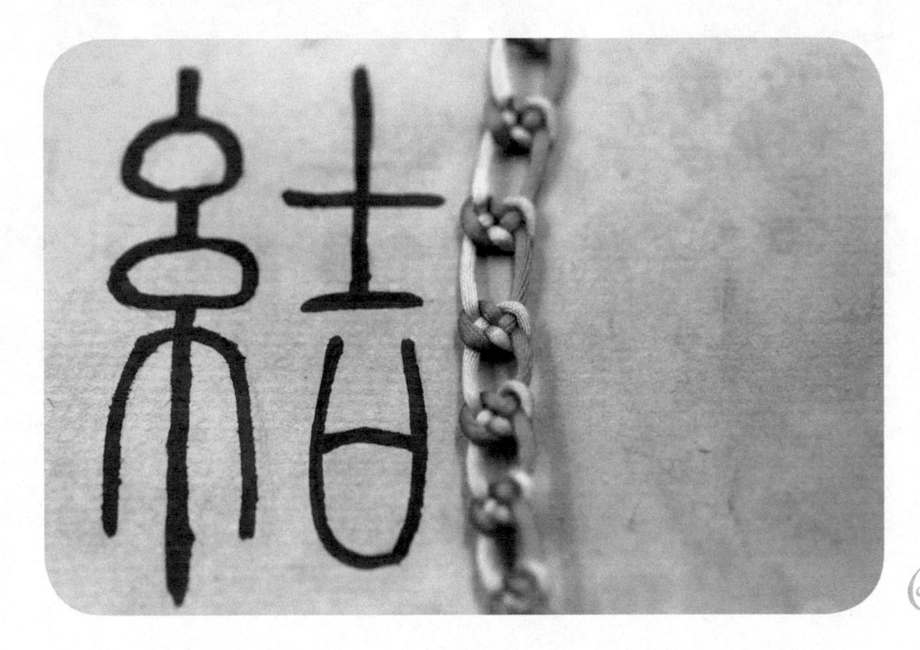

6 完成所需长度。

36. 单绳锁结

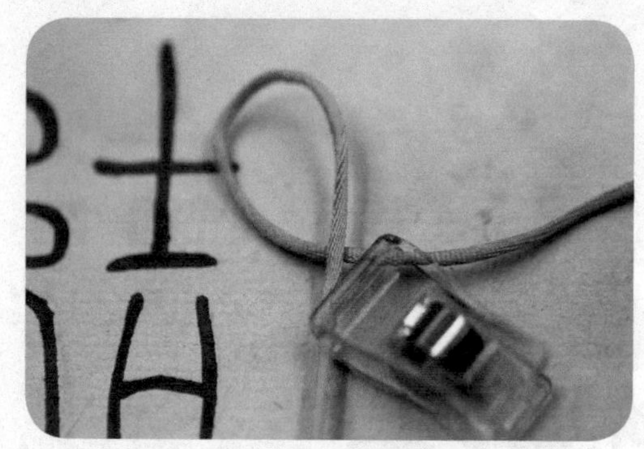

1 绕出一个绳圈。

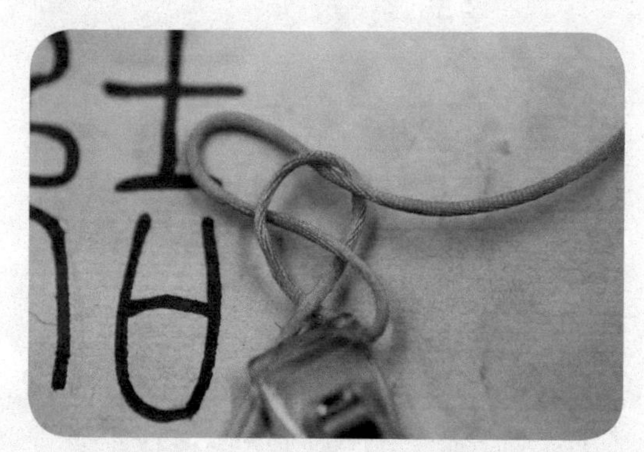

2 继续将此绳右侧绳打弯，穿过第一个绳圈，去掉夹子，拉扯打弯的绳圈。

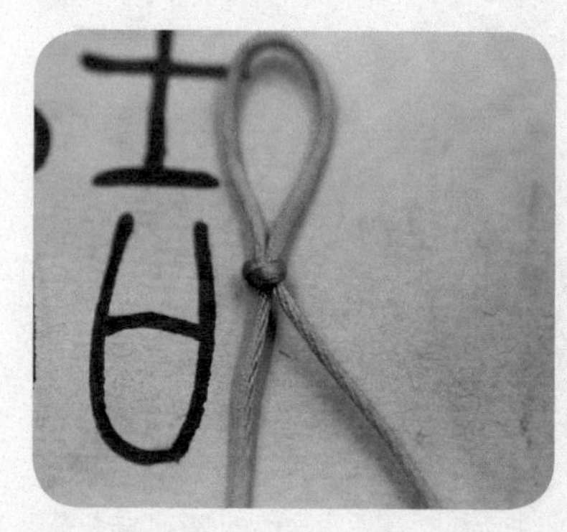

3 收紧。

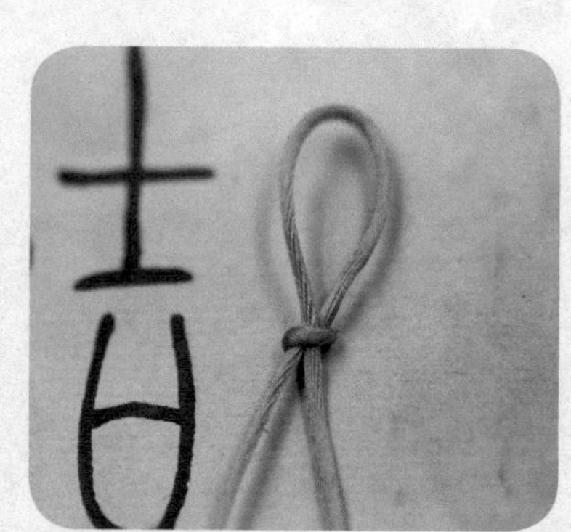

4 翻过去。

5 重复第二步。

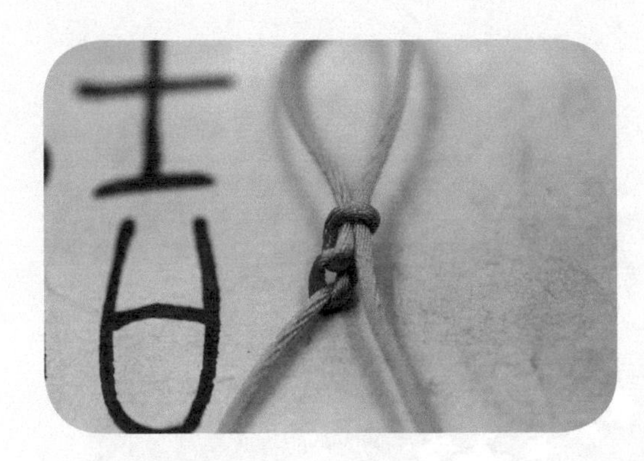

6 收紧。

7 编至所需长度，完成。

37. 双绳锁结

1 双绳（黄、红）锁结的编结方式是以单绳锁结为基础的。

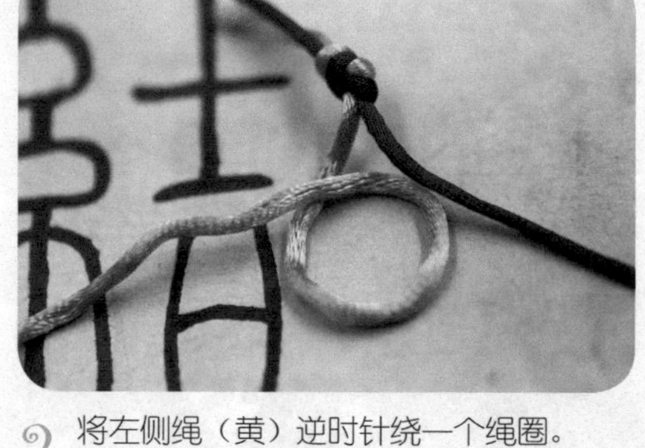

2 将左侧绳（黄）逆时针绕一个绳圈。

3 将右侧绳（红）打弯穿过左侧绳（黄）圈。

4 收紧左侧绳（黄），形成右侧绳（红）圈。

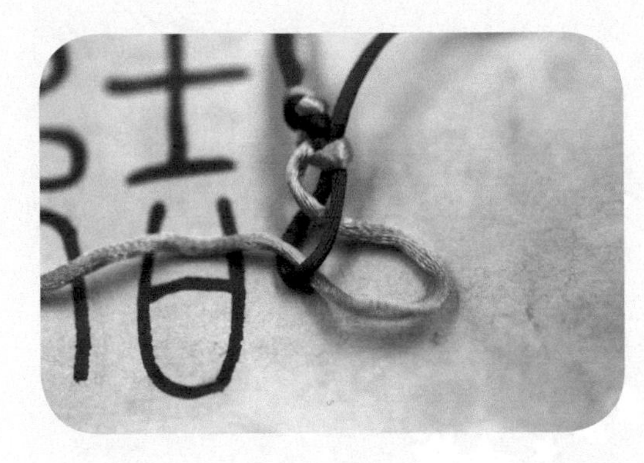

5 然后再将左侧绳（黄）打弯穿过右侧绳（红）圈。

6 重复以上步骤，编至所需长度，完成。

38. 圆形玉米结

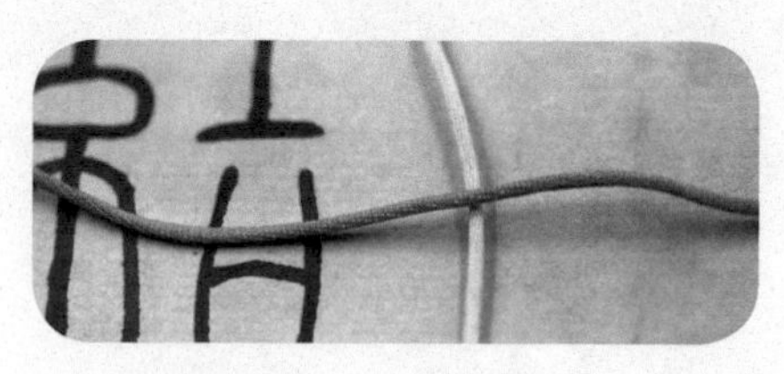

1 准备两根绳，如图放置。

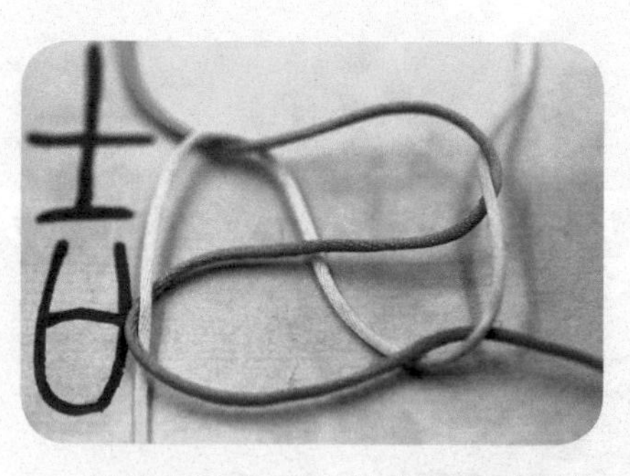

2 首先将放在底下的那根绳逆时针（顺时针）压在下一根绳上。

3 收紧四根绳。

4 然后重复第二步，持续编至所需长度，完成。

39. 方形玉米结

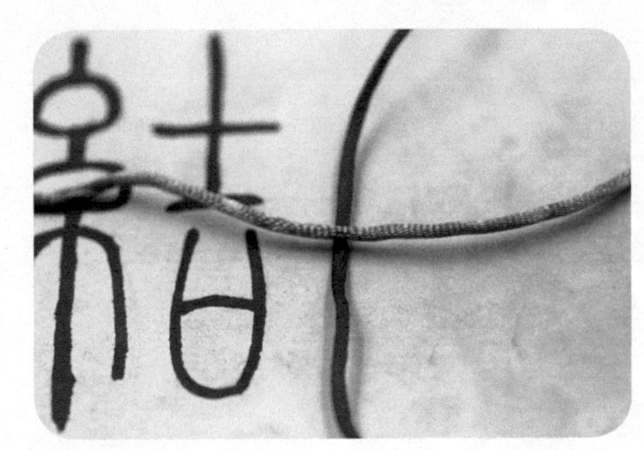

1 准备两根绳。

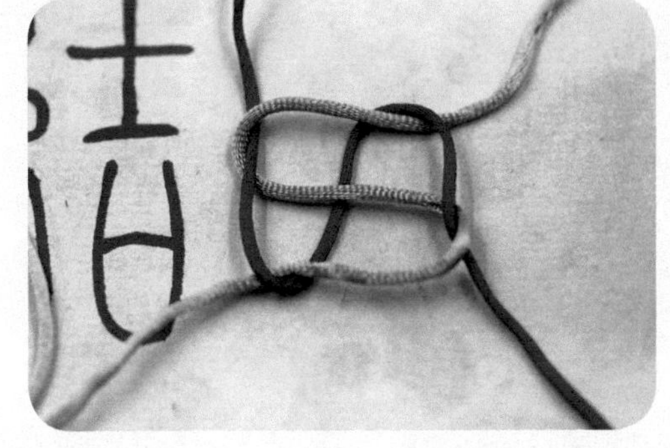

2 首先将放在底下的那根绳顺时针压在下一根绳上。

3 收紧四根绳。

4 再逆时针重复第二步。

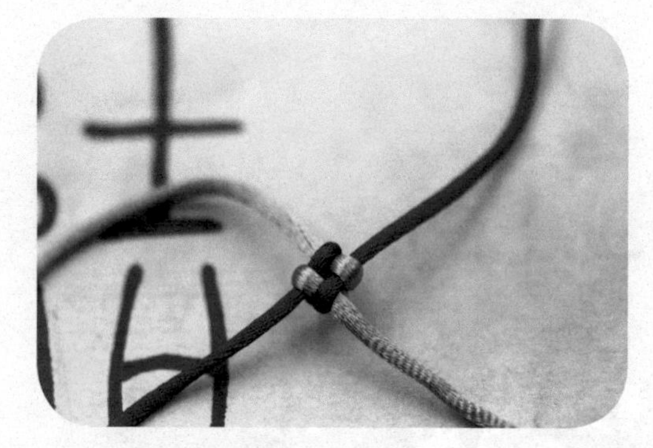

5 收紧绳。

6 完成。

40. 单绳双联结

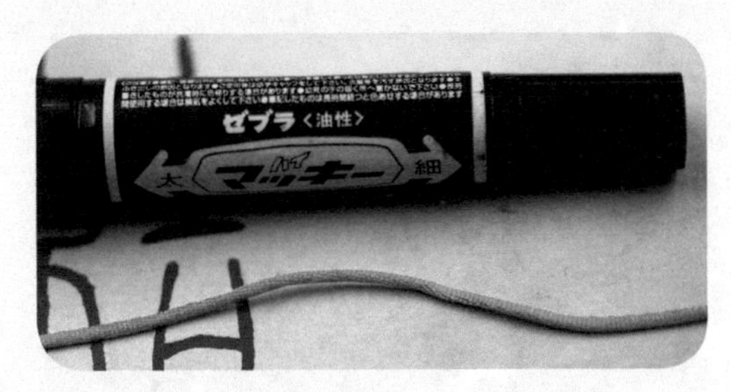

1 准备一根绳和一支笔，笔作为辅助。

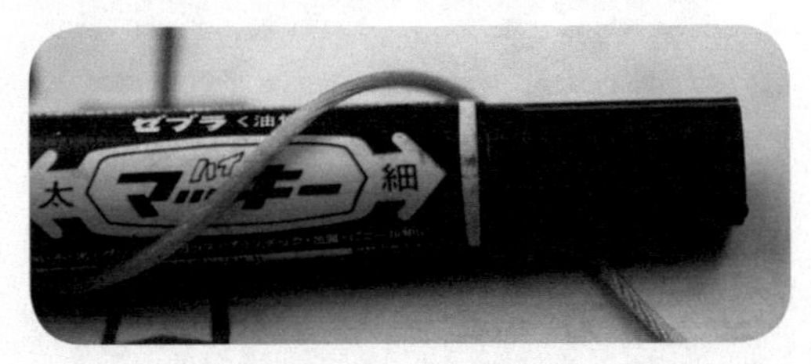

2 将左侧绳端固定，右侧绳顺时针绕笔。

3 绕两圈后从左侧穿过两个绳圈。

4 去掉笔，将绳收紧。

5 完成。

41. 双绳双联结

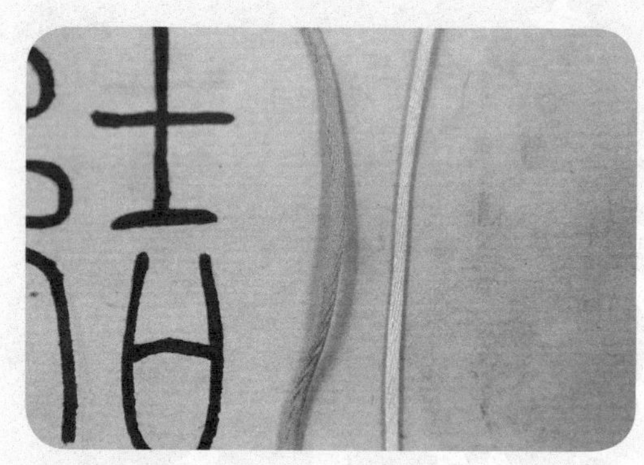

1 准备两根绳。

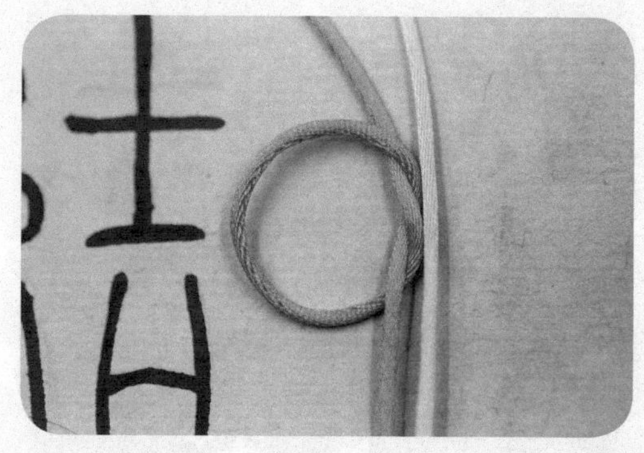

2 左侧绳顺时针编个本结。

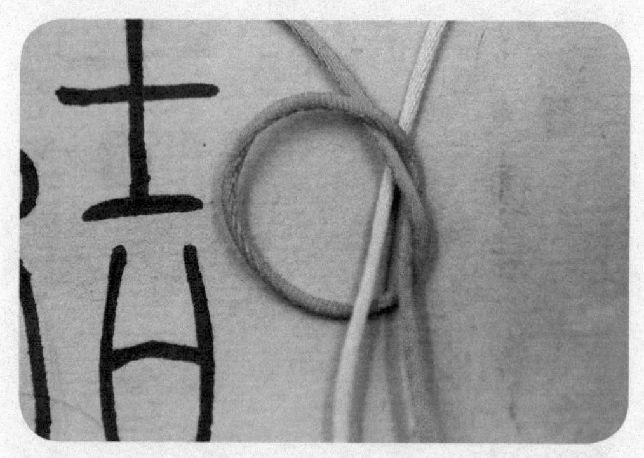

3 将右侧绳从底下穿出绳圈。

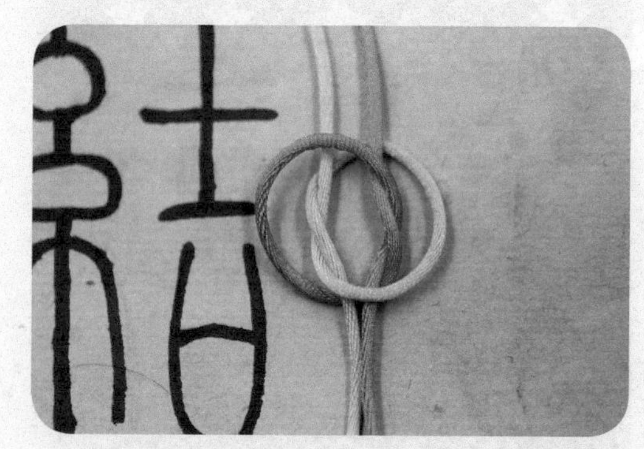

4 然后逆时针再编个本结。

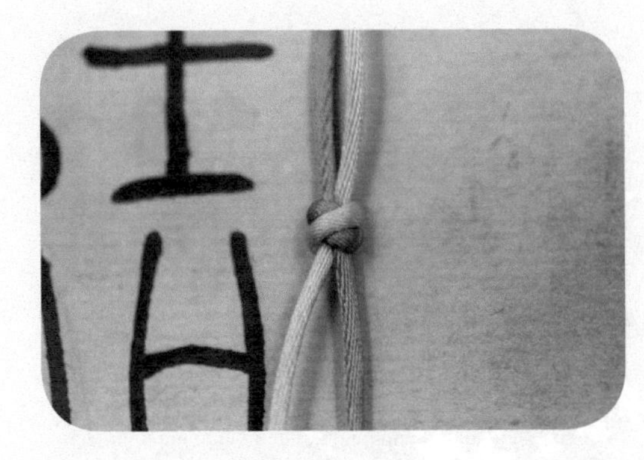

5 收紧两端的绳。

6 编至所需长度，完成。

42. 秘鲁结

1 秘鲁结与单绳双联结相似。先准备一根绳和一根木棍。

2 将此绳左侧端固定，此绳右侧围绕木棍顺时针绕三圈，再从左侧穿过三个线圈。

3 将木棍去掉，收紧两端绳。

4 完成。

43. 雀头结

1 准备两根绳，以左侧绳为主绳，将右侧绳顺时针围绕左侧绳从底下穿上来。

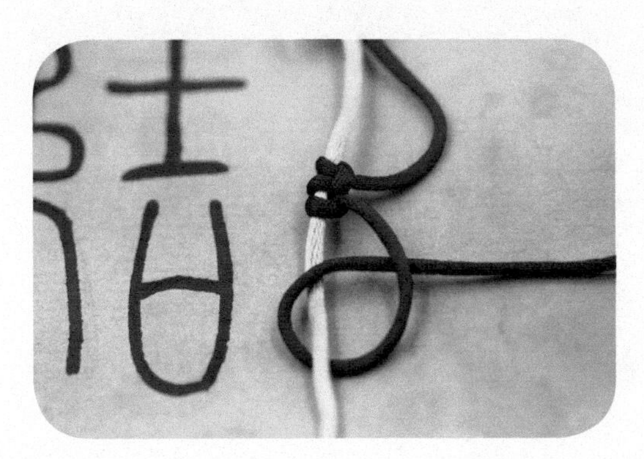

2 再逆时针绕主绳一圈，从上方穿下去。

3 完成。

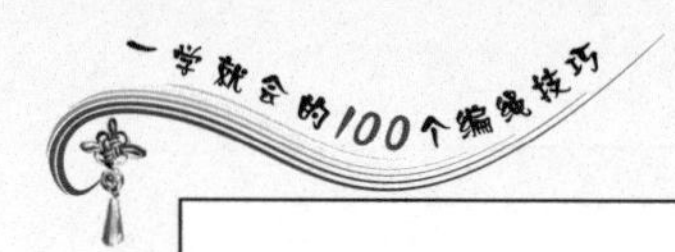

44. 凤尾结

1 准备一根绳，顺时针绕一圈。

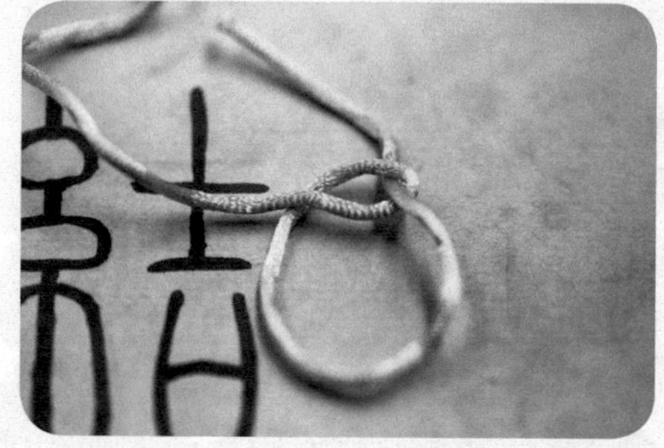

2 从底下绕出来。

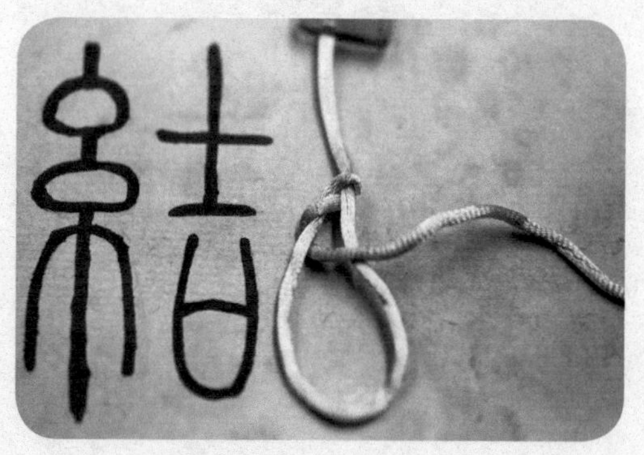

3 将线圈两侧的绳作为主绳。

4 重复交错围绕两根主绳。

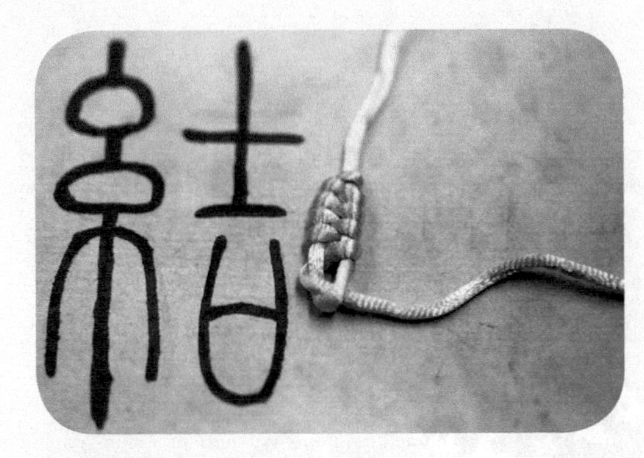

5 编至所需长度。

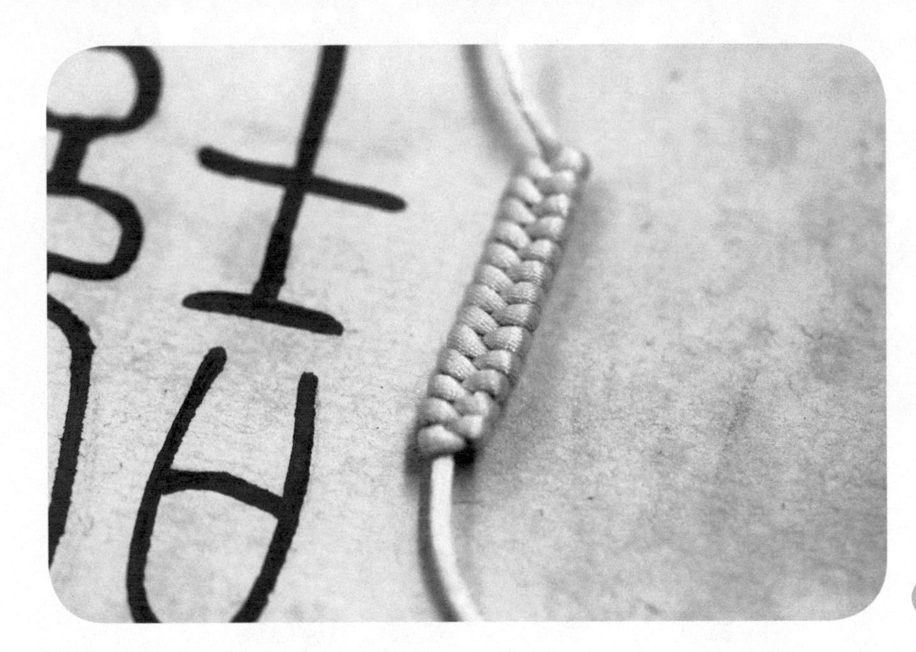

6 完成。

45. 编织

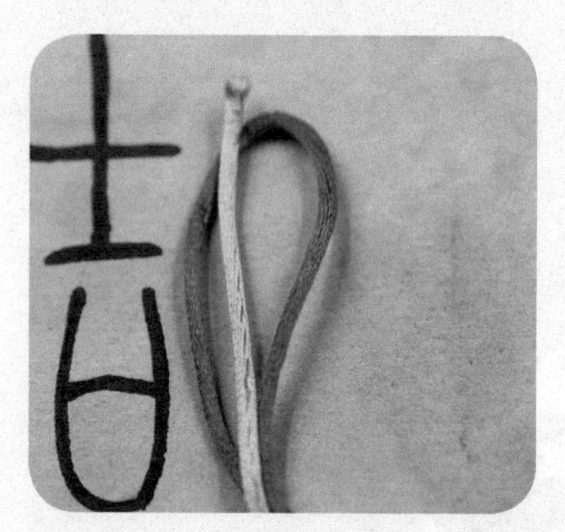

1 编织，与凤尾结相似。准备两根绳（蓝绳和黄绳），将蓝绳对折，作为两根主绳。

2 黄绳作为辅绳，围绕两根主绳以“压一挑一”的顺序编至左侧。

3 将黄绳从左侧以“压一挑一”的顺序编至右侧。

4 重复第二、第三步。

5 完成。

46. 十字结

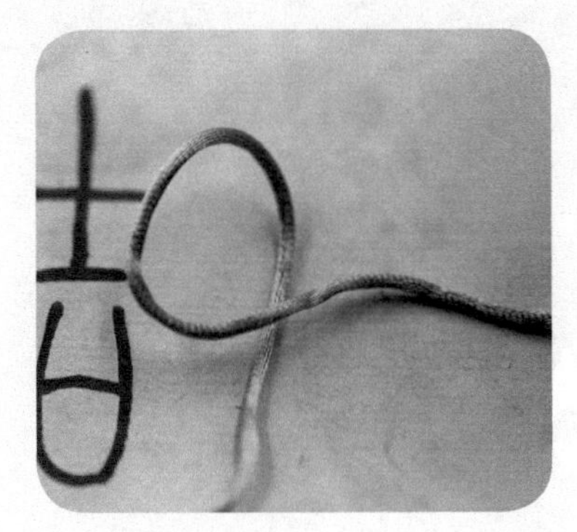

1 准备一根绳。

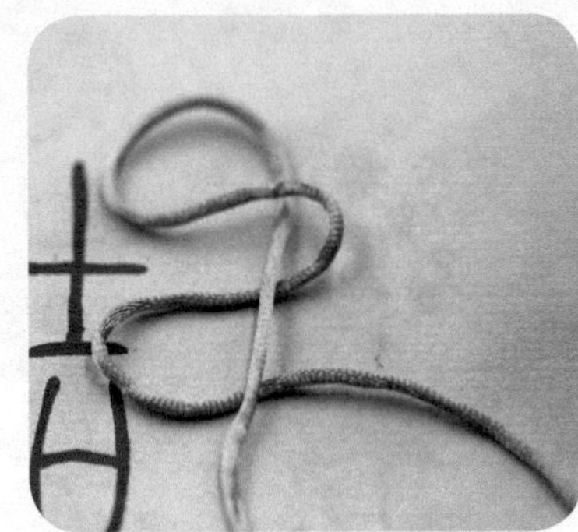

2 将绳扭成Z字形，将上方的绳向下以“挑一压二”的顺序编向下方。

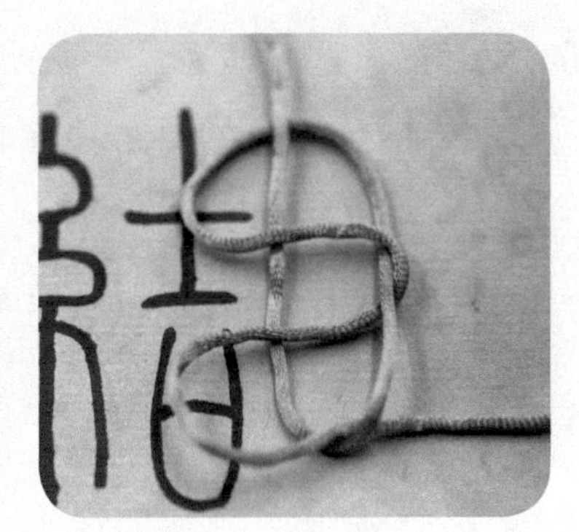

3 再将绳以“挑三压一”的顺序编回上方。

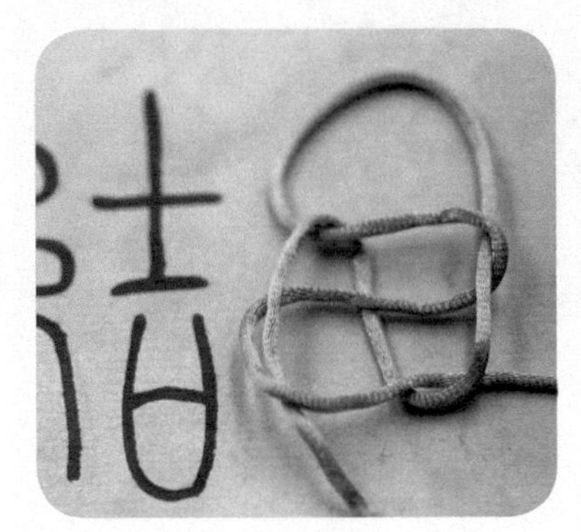

4 然后继续将绳以“压二挑一”的顺序编向下方。

5 完成。

47. 同心结

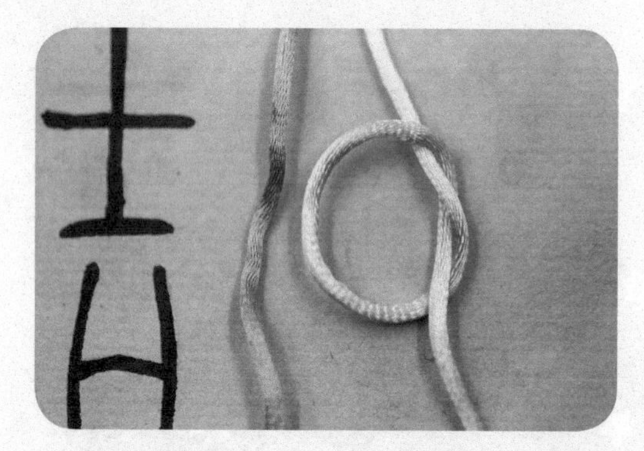

1 准备两根绳，首先将右侧绳顺时针编个本结。

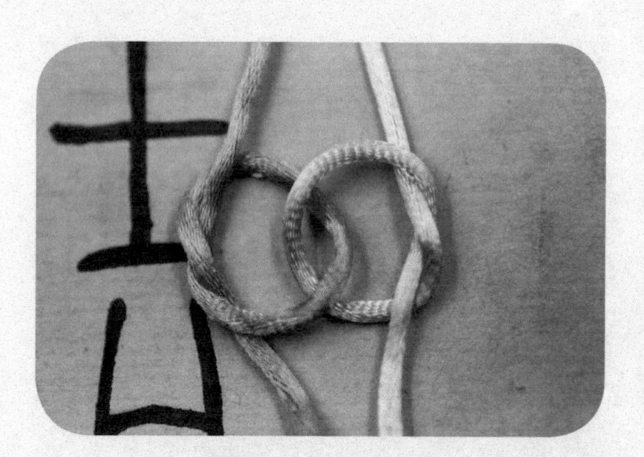

2 其次将左侧绳穿过右侧绳圈，逆时针编个本结。

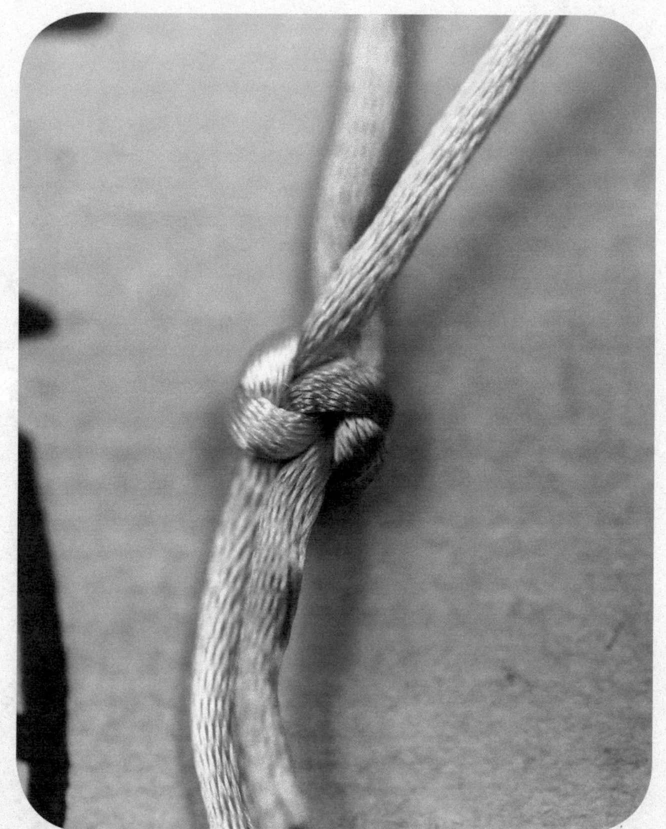

3 收紧两端绳，完成。

48. 藻井结

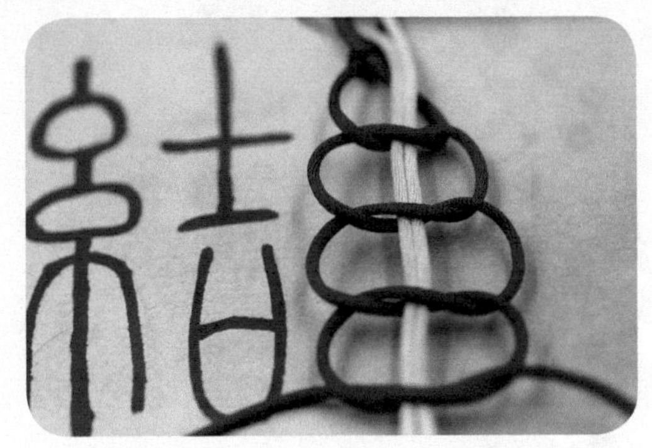

1 准备两根绳（红、蓝），一根（蓝）折叠后放在中间（主绳，作为辅助使用），另一根（红）围绕主绳编四个扭结。

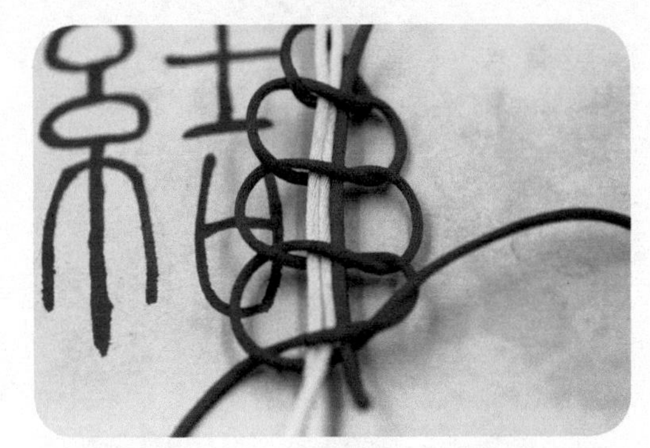

2 将右侧绳（红）从上前方沿着主绳（蓝）的轨迹，一次性穿过四个扭结中心，最后穿出。

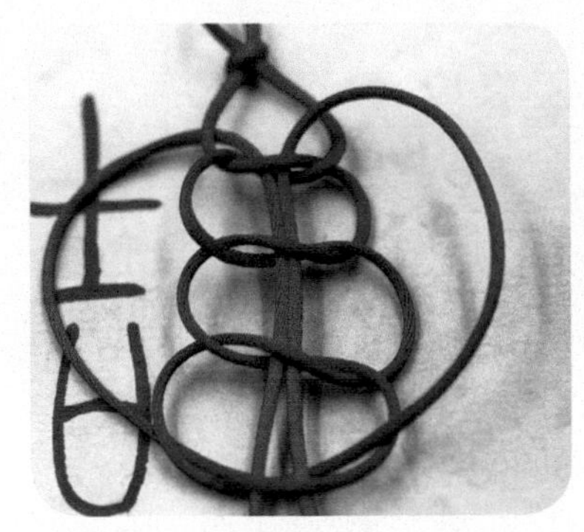

3 接下来将另一端的绳（红），从上后方沿着主绳的轨迹，一次性穿过四个扭结中心并穿出，然后去掉主绳（蓝）。

4 将最底下扭结的两根绳（红）翻到上方。

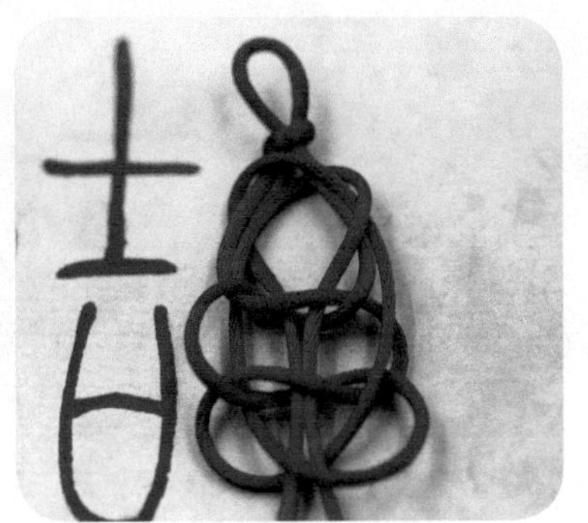

5 翻后结果如图。

6 重复第四、第五步。

7 收紧两端绳，完成。

49. 双环结

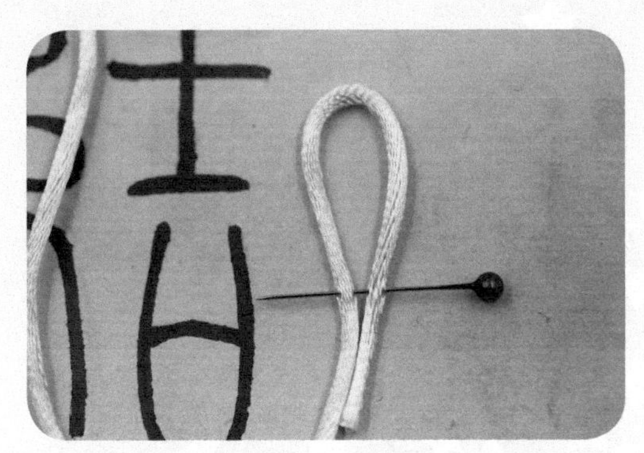

1 准备一根绳和两个大头针。将绳对折，形成一个绳环。

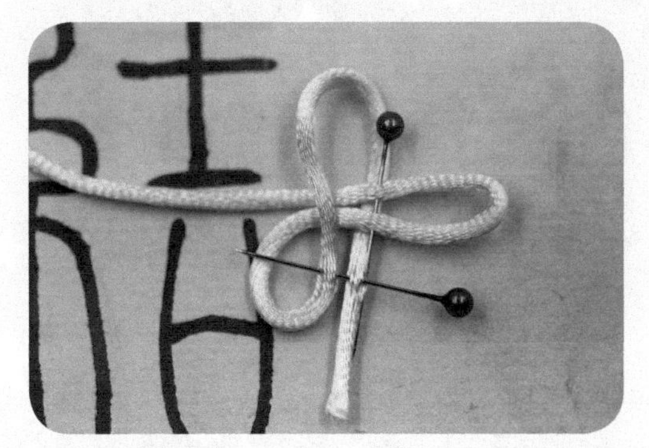

2 将左侧绳打弯后穿过绳环，形成第二个和第三个绳环。

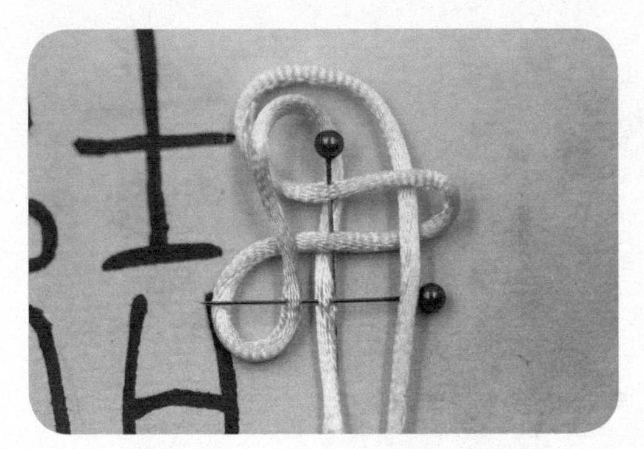

3 将左侧外边的绳穿入第三个绳环。

4 将绳从上方穿入第二个绳环。

5 再将绳从底下向右侧“挑二”穿入第三个绳环。

6 去掉大头针，收紧右侧绳，完成。

50. 万字结

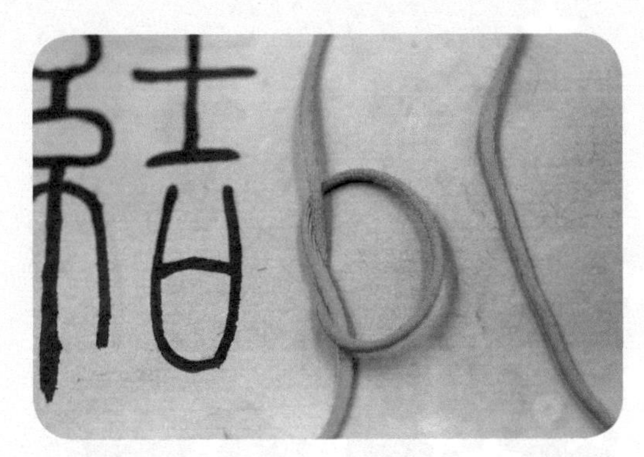

1 准备一根绳，对折，将左侧绳逆时针编个本结。

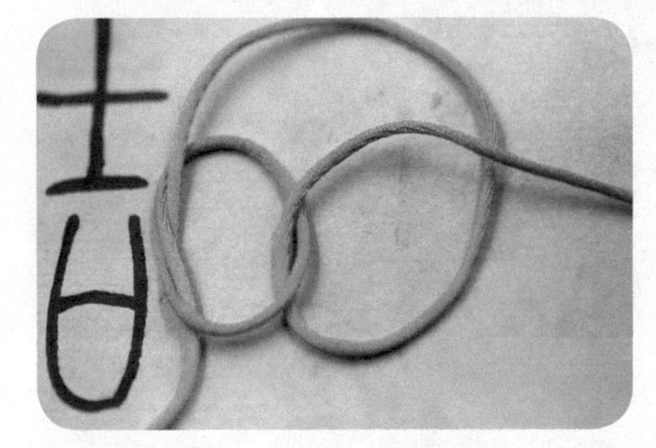

2 将右侧绳从左侧绳圈底下穿出，顺时针编个本结。

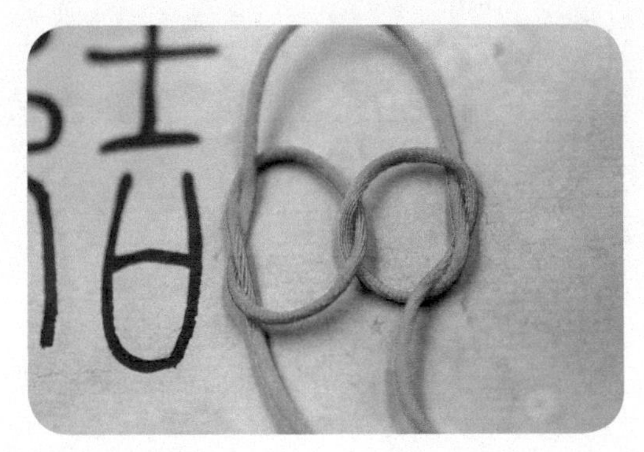

3 得到编绳。

4 将其中一个绳圈扯向另一个绳圈本结的编结内，再从左侧拉出。

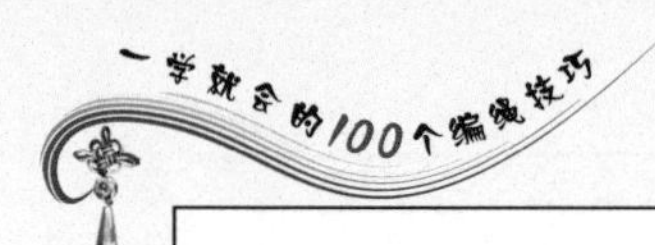

5 另一端重复第四步，然后收紧两侧的结耳。

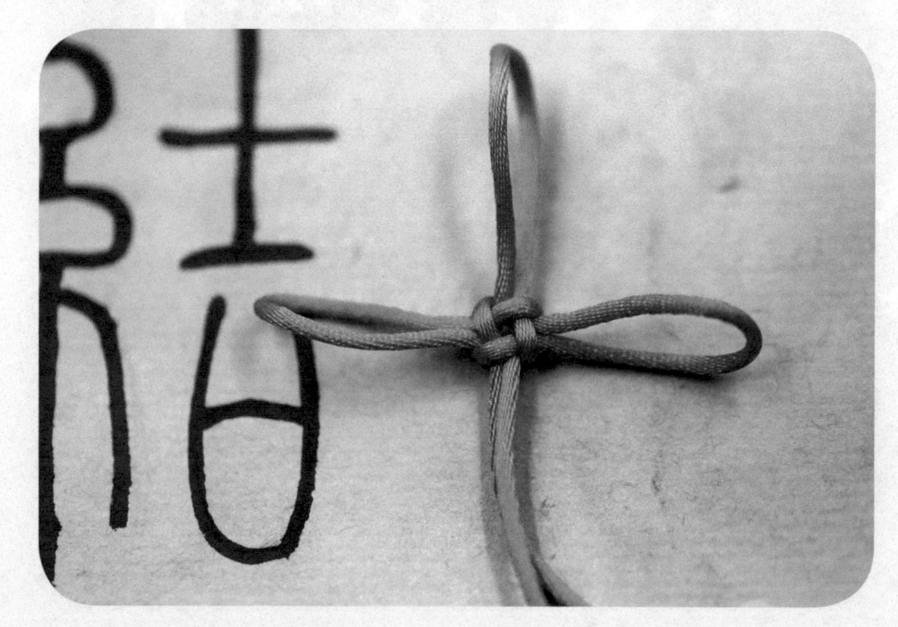

6 完成。

51. 吉祥结

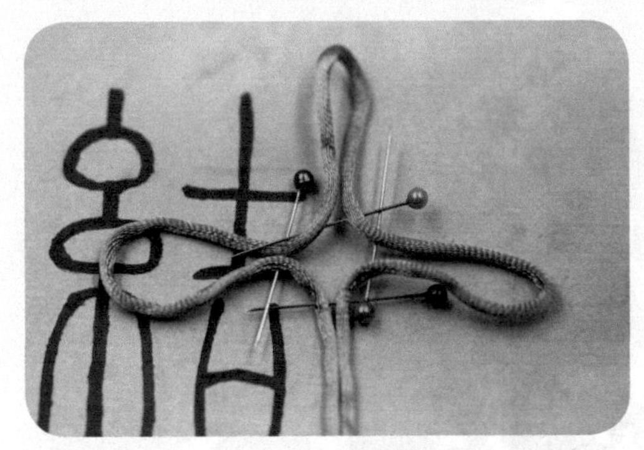

1 准备一根绳和几个大头针，编出四个绳耳。

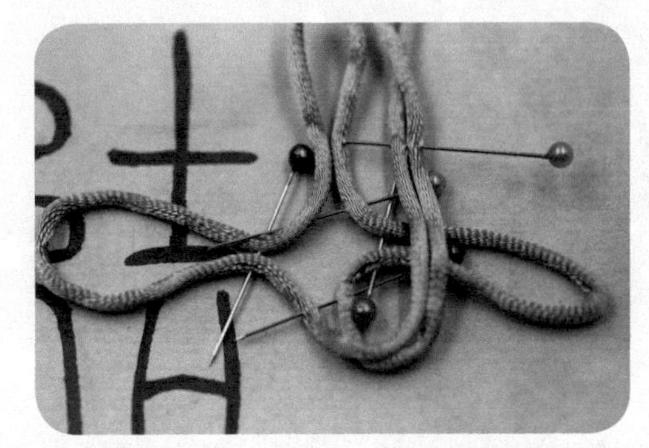

2 将其中一个绳耳逆时针压过相邻的下个绳耳。

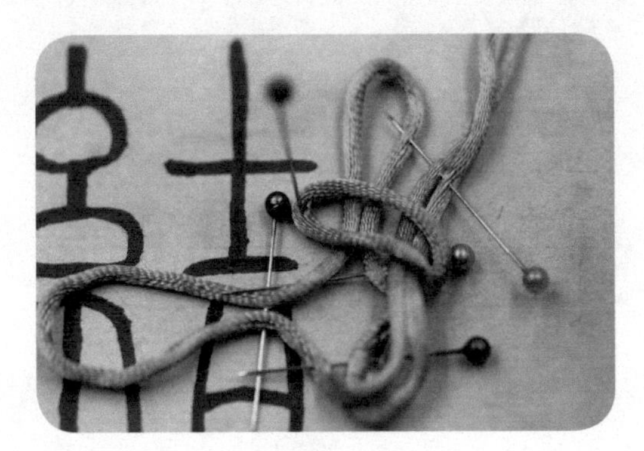

3 以此类推，重复第二步。

4 完成后如图。

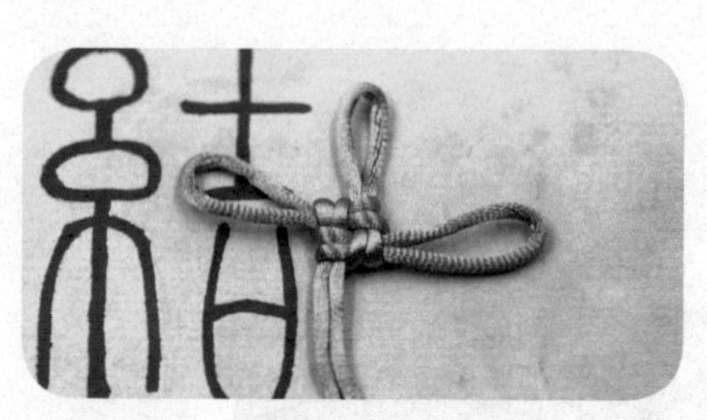

5 收紧四个绳耳后把整个结翻过去。

6 继续重复第二至第四步。

7 收紧绳耳。

8 完成。

52. 攀缘结

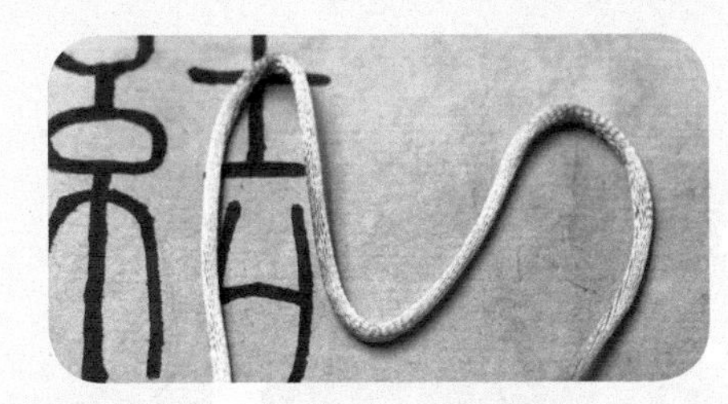

1 准备一根绳。

2 编出上边两个绳耳和下边一个绳耳。

3 以中间的绳耳为主绳，用两边绳为辅绳，围绕主绳编一个平结。

4 收紧绳，调整，完成。

53. 绶带结

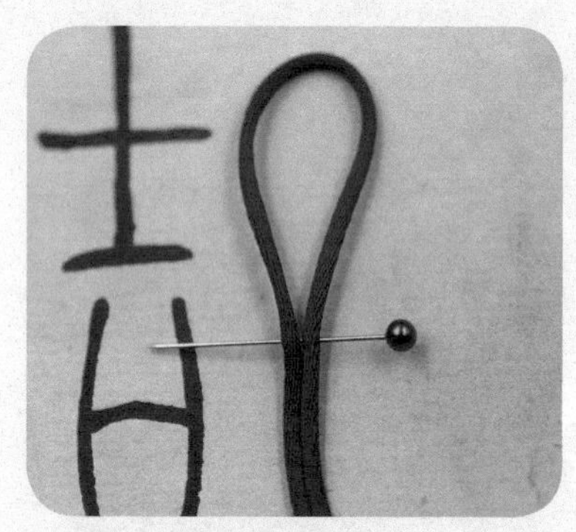

1 准备一根绳和几个大头针。将绳子对折编出一个绳耳。

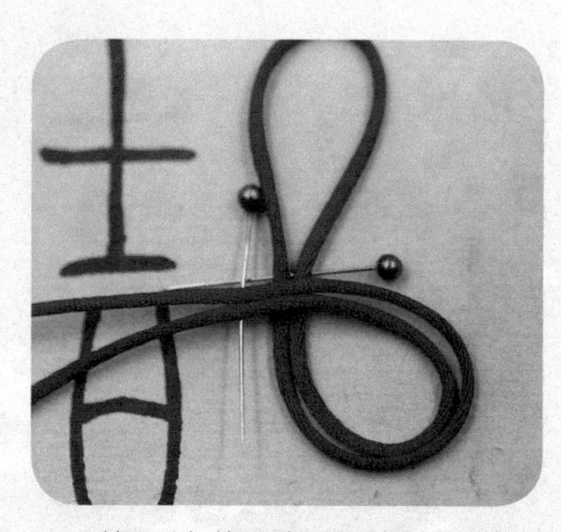

2 将下边的两根绳逆时针编出第二个绳耳。

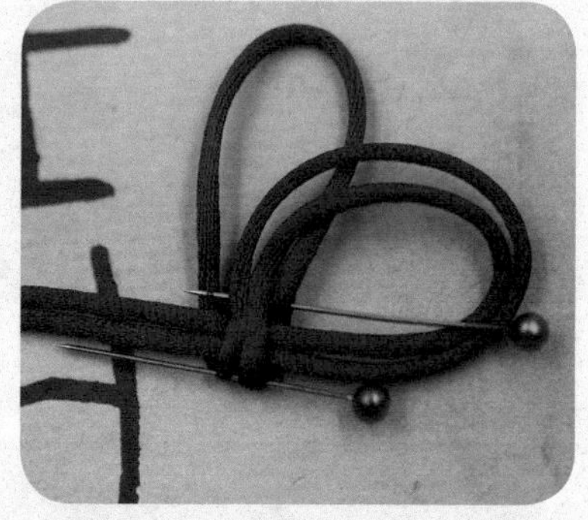

3 将第二个绳耳向上翻转。

4 将左侧的两根绳从下方越过第一个绳耳，穿过第二个绳耳，形成第三个绳耳。

5 然后将绳压过第一个绳耳，从第三个绳耳下方穿到前方。

6 将穿到前方的绳再从第一个绳耳穿到后方。

7 将结翻过来。

8 将后方的绳穿过结后面的结内，然后收紧三个绳耳。

9 调整后完成。

54. 六耳团锦结

1 准备一根绳和几个大头针。第一次控制不了大小，可以准备一根50厘米左右的绳。

2 将右侧一半的对折绳穿进右侧一半的对折绳中，编出第一个绳耳。

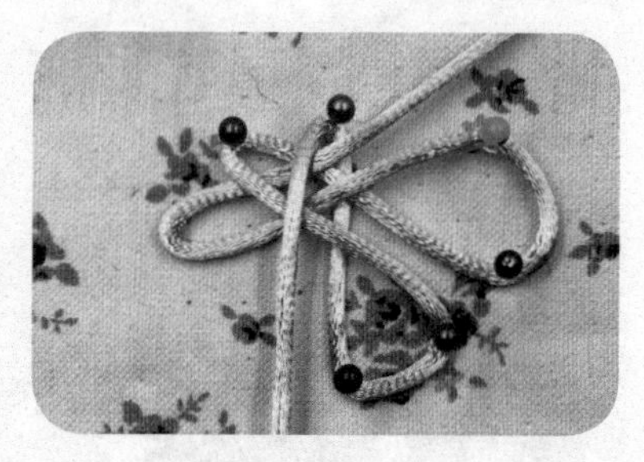

3 重复第二步。

4 直至编到第四个绳耳，将绳全部穿过去。

5 再从第一个绳耳内底下穿出去，沿着与第四步相反的顺序再穿插回去。

6 得到第四个绳耳，结果如图。

7 重复第五步。

8 将绳收紧调整。

9 完成。

55. 琵琶结

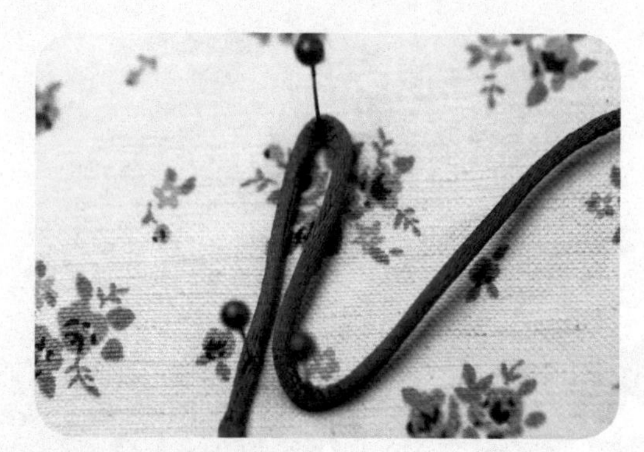

1 将绳打个弯。

2 将右侧绳绕过对折线，从底下穿过，得到下边的一个绳圈。

3 再将右侧绳在第一个绳圈内逆时针编出第二个绳圈。

4 重复第二和第三步，编出第三个绳圈。

5 最后将绳穿入中间的孔。

6 可以作为衣服的扣子，也可以单独使用。

7 完成。

56. 四边菠萝结

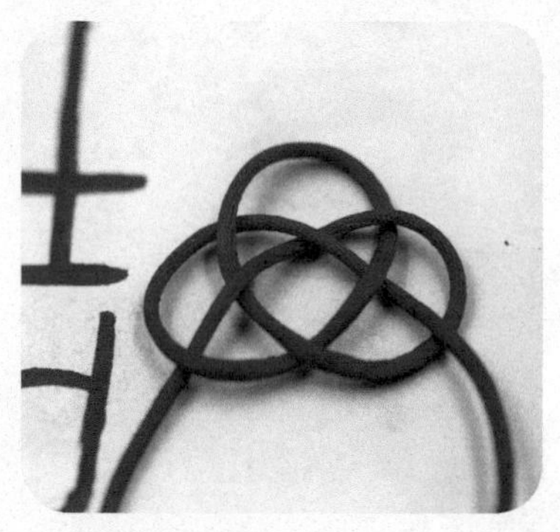

1 先编个双钱结。

2 将右侧绳沿着左侧绳的轨迹往回编。

3 沿着轨迹走完后如图。

4 耐心将绳收紧。

5 完成。

57. 六边菠萝结

1 先编个双钱结。

2 将左侧绳逆时针"挑一压一、挑二压一再挑一"，编回左侧，中间形成一个五角星。

3 再将左侧绳逆时针依次以"挑一压一、挑一压一、挑一压一、挑一压一"的顺序编过去。

4 得到如图形状。

5 用左侧绳沿着右侧绳的运行轨迹再编回去。

6 又得到如图形状。

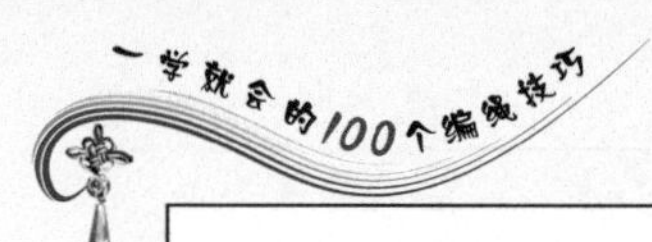

7 耐心收紧绳。

8 完成。

58. 桂花结

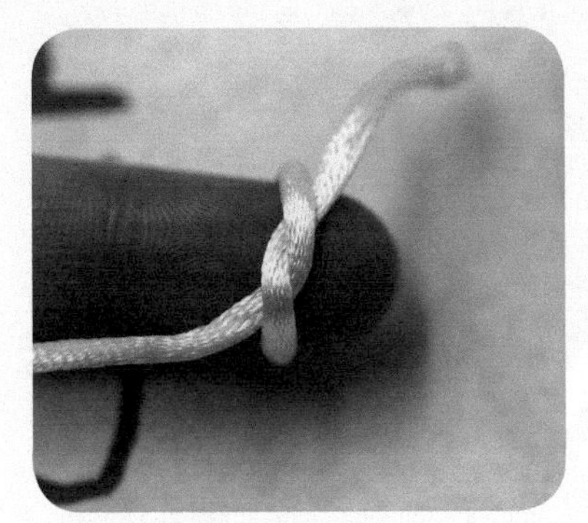

1 准备两根绳（黄绳和金绳），在手指上将黄绳打个结。

2 将另一根绳（金绳）从右侧穿入结内。

3 金绳绕手指一圈，压住黄绳，并挑出黄绳。

4 再从黄绳底下穿出去。

5 得到如图的结。

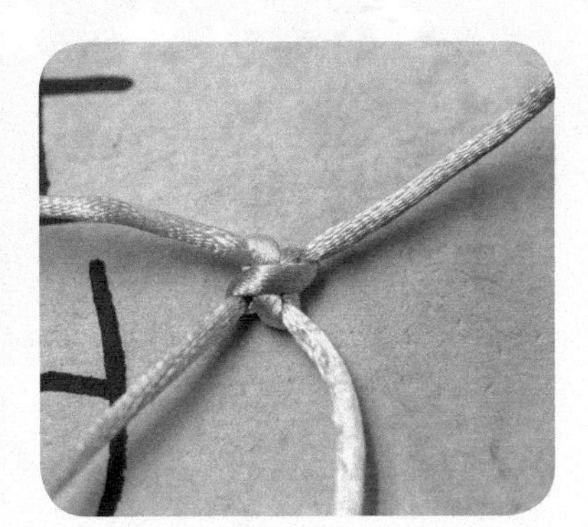

6 将结翻过去。

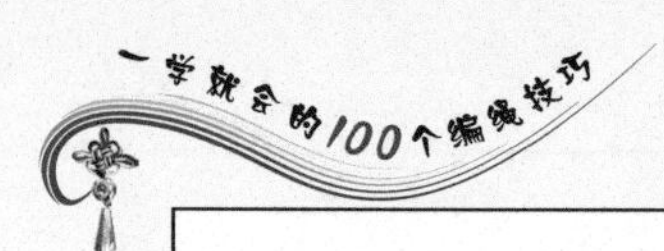

7 在背面编一个玉米结。

8 将绳收紧，完成。

59. 梅花结

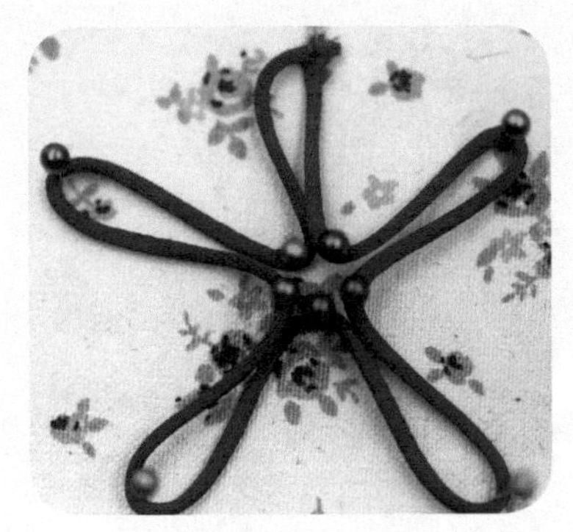

1 准备一根绳并将其等分，摆出一个五瓣花朵的形状。

2 将一个瓣逆时针压向下一个瓣。

3 重复以上步骤，得到如图形状。

4 收紧、调整。

5 完成。

60. 曼陀罗花结

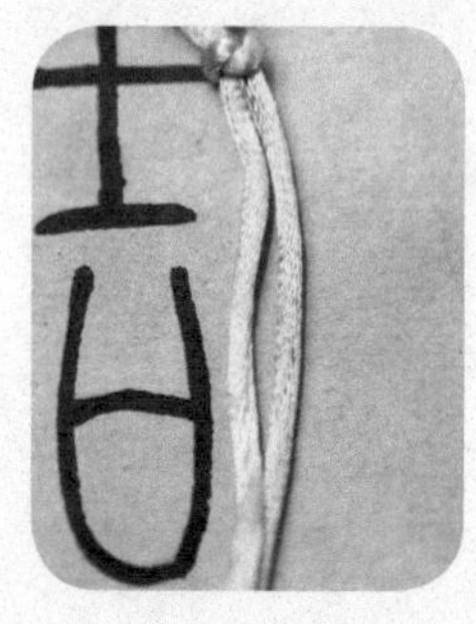

1 准备两根绳。

2 右侧绳顺时针编一个双联结，但不收紧。

3 再将左侧绳从前面穿到后面，逆时针编个双联结，然后收紧绳。

4 完成。

61. 四瓣桃花结

1 准备两根绳（黄绳和粉绳），先编三个雀头结。

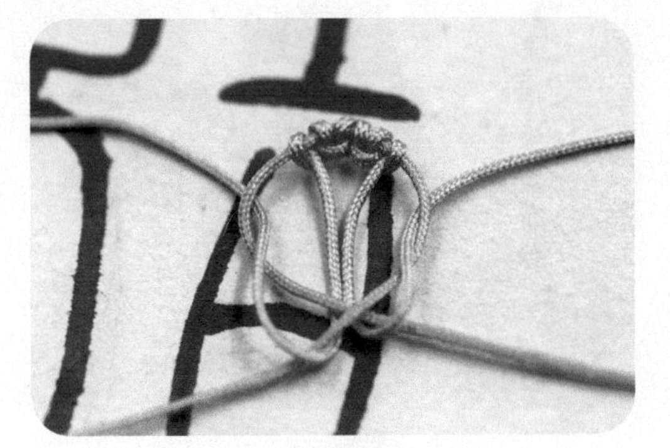

2 然后将黄绳交叉，两端的粉绳一左一右分别编半个雀头结。

3 收紧。

4 再次将两根黄绳交叉，再用两端的粉绳分别编半个雀头结。

5 两侧分别编个完整的雀头结。

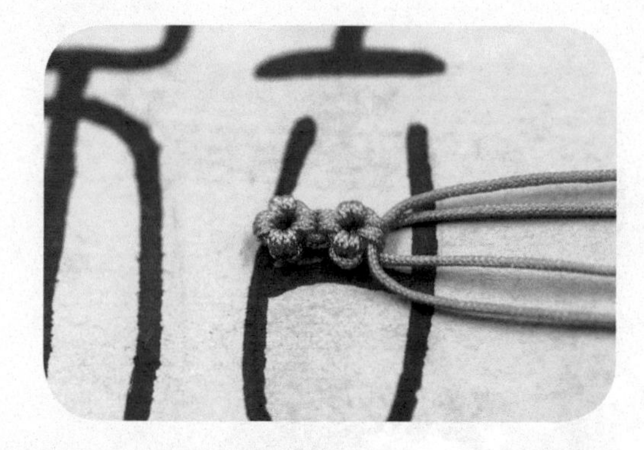

6 重复以上步骤。

7 完成。

62. 五瓣桃花结

1 准备两根绳（绿绳和红绳），编四个雀头结。

2 然后将绿绳交叉，两端的红绳分别一左一右编半个雀头结。

3 收紧。

4 重复以上步骤，完成。

63. 龟结

1 先编一个类似双钱结的结，注意两边绳不要收进绳圈内。

2 将左侧绳逆时针从右侧绳底下穿上来，以“挑一压一”的顺序穿到后面。

3 右侧绳顺时针重复第二步，完成。

64. 袈裟结

1 编一个半双钱结，注意双侧绳不收进绳圈内。

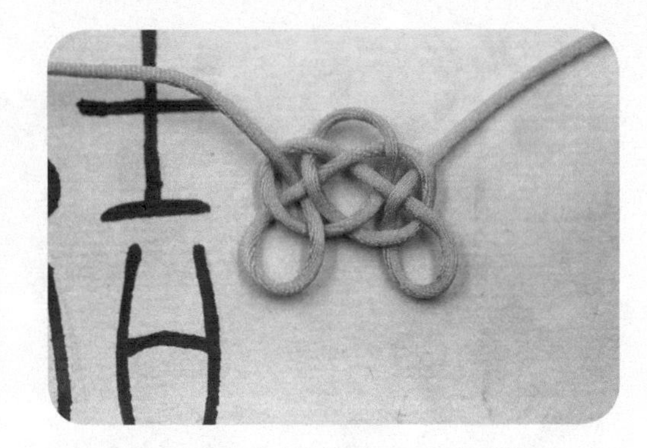

2 将右侧绳逆时针从第二个绳圈底下挑上来，并以“压一挑一”的顺序再穿下去，右侧绳以相反的顺序重复左侧绳的步骤。

3 重复以上步骤，直到编成一个结圈。

4 对于最后一个结，将左侧绳穿过右侧绳圈，右侧绳穿过左侧绳圈。

5 再将绳编回自己那一侧的绳圈，调整完成。

下篇 实例篇

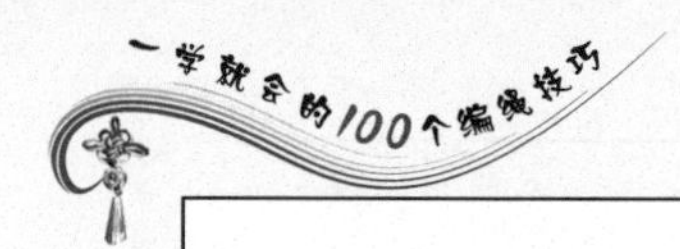

PART7 耳饰

65. 小小吉祥结

1 准备20厘米粉色玉线一根、20厘米紫色玉线一根、耳坠勾一对、偏民族风磁珠两颗、菱形吊珠两颗。

2 将粉、紫两根玉线混合在一起，编成两个吉祥结。

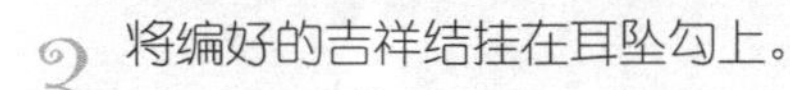

3 将编好的吉祥结挂在耳坠勾上。

4 分别穿上磁珠，再编一个金刚结固定。

5 最后穿上菱形吊珠，再用金刚结收尾。

6 完成。

66. 行走的“小幸运”

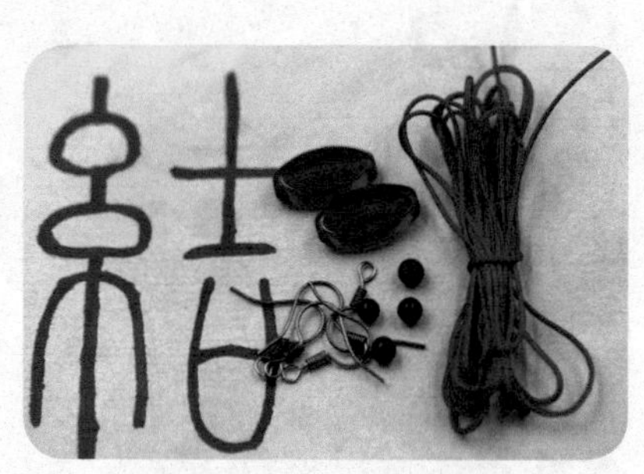

1 准备20厘米的红色玉线两根、耳坠勾一对、透明珠（蓝色）两颗、深蓝色小亚克力珠四颗。

2 用红色玉线分别编两个吉祥结。

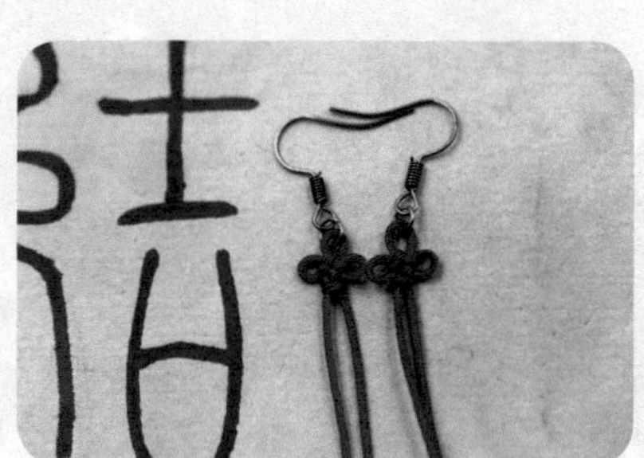

3 将结身挂在耳坠勾上。

4 将绳尾穿入透明珠，打结固定。

5 最后将四根绳尾穿入小亚克力珠，完成。

67. 私人领域

1 准备紫色玉线（25厘米的20根、30厘米20根）、一颗3厘米的白色珠、耳坠勾一个。

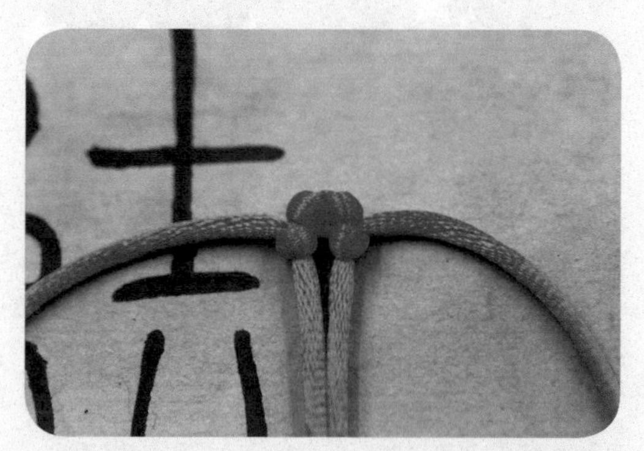

2 再准备一根中国结五号线。首先四根线为一组，先取其中两根，在正中的位置编两个雀头结，对折。

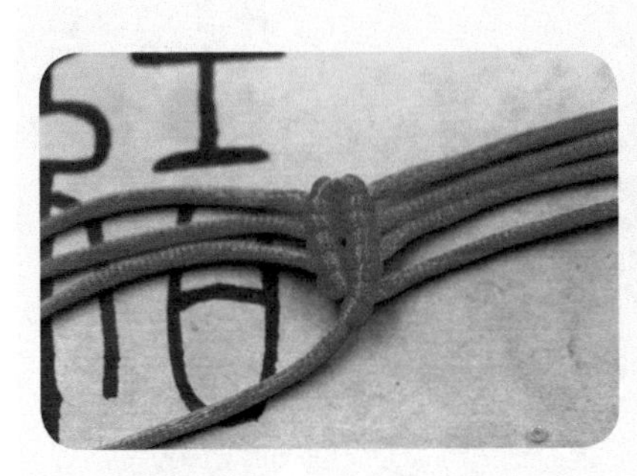

3 剩余线都围绕主线分别编两个雀头结。剩下结尾的两根线，以其中一根为主线，另一根围绕主线编一个雀头结。

4 依次编完，结果编成花瓣状（有几根线就可以编出几层）。编完后将两边的第二根线和第四根线留下，其余都剪掉并烧平。

5 编两组，一组是四根线，一组是五根线。

6 将花瓣两侧预留的线从另一个花瓣中间相对位置的孔里穿出来，将两个花瓣连接，将绳收紧再编一个斜卷结，然后剪断并烧平。

7 得到的结果如图（包含一大一小完整的两个花朵）。

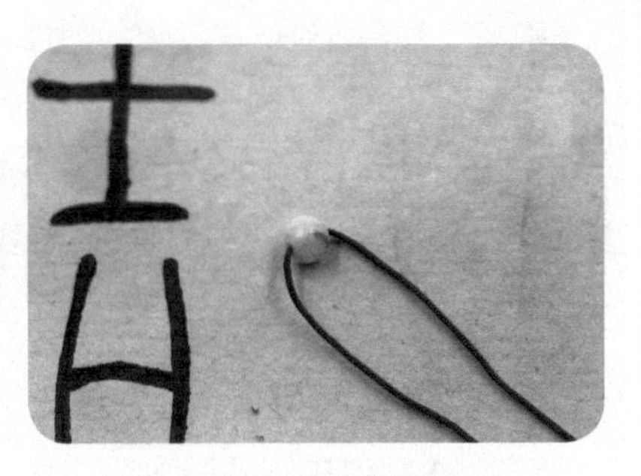

8 将白色珠珠用线串起来。

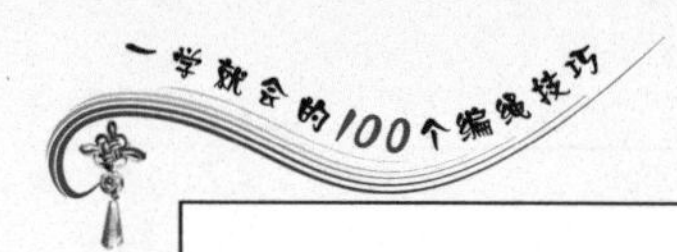

9 先从小花朵的中间孔穿过。

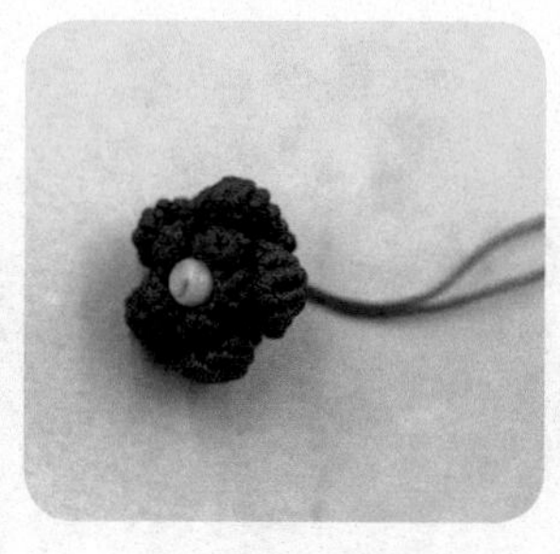

10 然后再穿过大一点的花朵。

11 如果可以，选择合适的花托也行。

12 花朵下边的线编五个金刚结，然后将线穿过耳坠勾。

13 将穿过去的两根线作为辅线，编个平结，然后剪断并烧平。

14 完成。

68. 天生“小可爱”

1 准备30厘米一号棕色麻绳四根、30厘米一号粉色麻绳四根、一些小于1厘米的带孔原石、耳坠勾一对。

2 将两种颜色的麻绳相互作为主绳和辅绳编出6～8厘米长的平结。

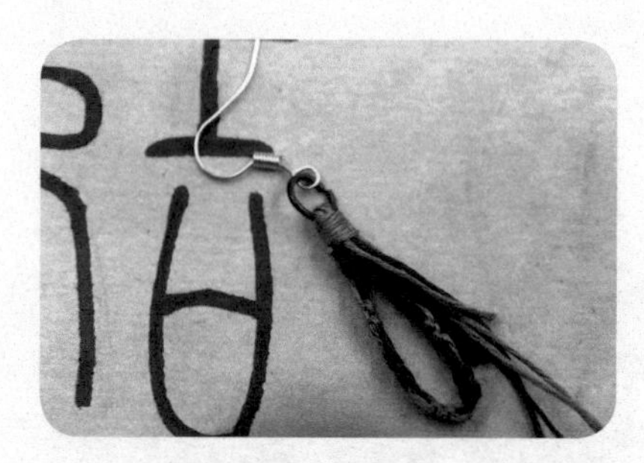

3 将编好的绳结对折，穿过耳坠勾，在结尾处再次对折，用绕线收尾。

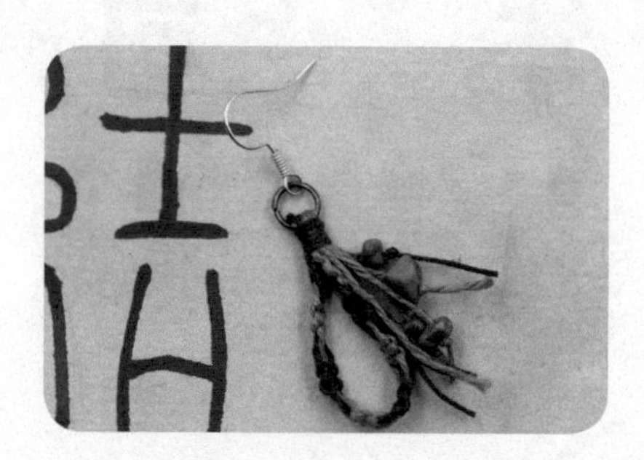

4 在绳尾处穿上原石。

5 完成。

69. 七秒是多久

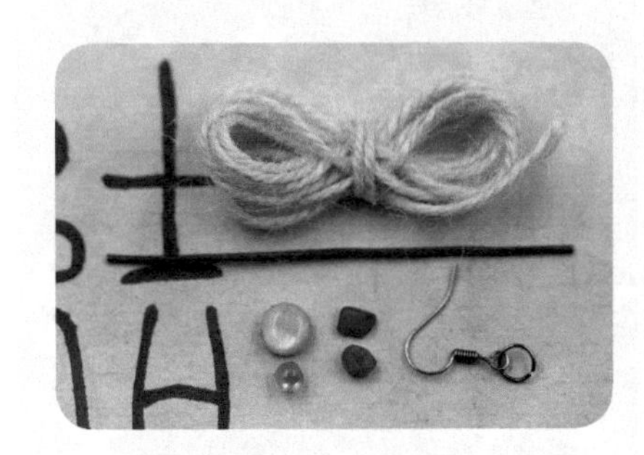

1 准备白色麻绳60厘米、8厘米细铁丝一根、耳坠勾一个、小于1厘米的原石或珠三颗、一颗3毫米的猫眼石。

2 用麻绳围绕铁丝中间编1/5的雀头结，两端要留出足够长的绳。

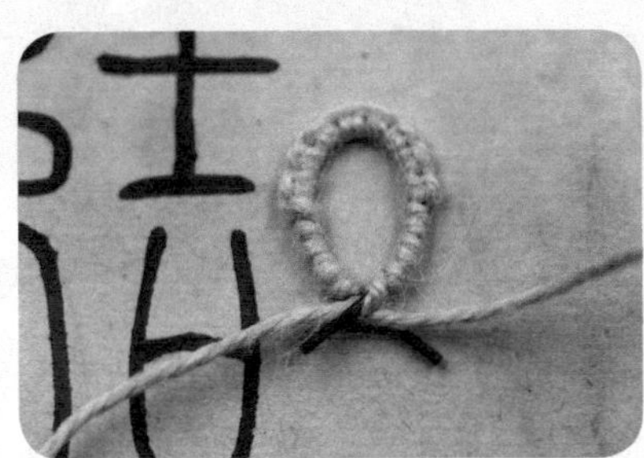

3 将剩余的绳绕在剩余的铁丝上。

4 在绕到铁丝交叉处后留下一根绳，另一根绳以编凤尾结的方式编至雀头结处。

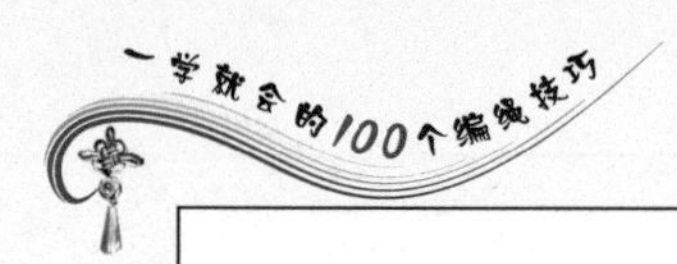

5 结果如图。

6 穿入猫眼石后继续往回编结，并打结固定。

7 在留下的绳尾处穿上三颗原石或珠。

8 完成。

70. 我们熟吗

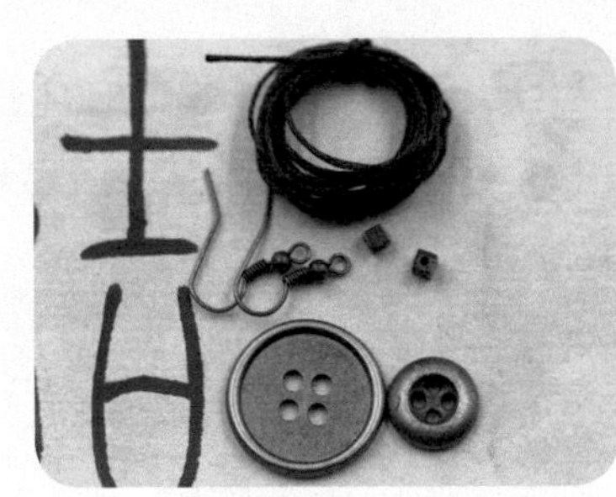

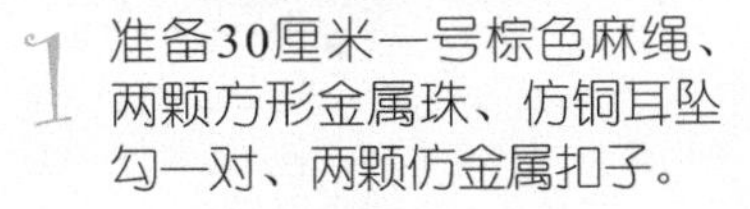

1 准备30厘米一号棕色麻绳、两颗方形金属珠、仿铜耳坠勾一对、两颗仿金属扣子。

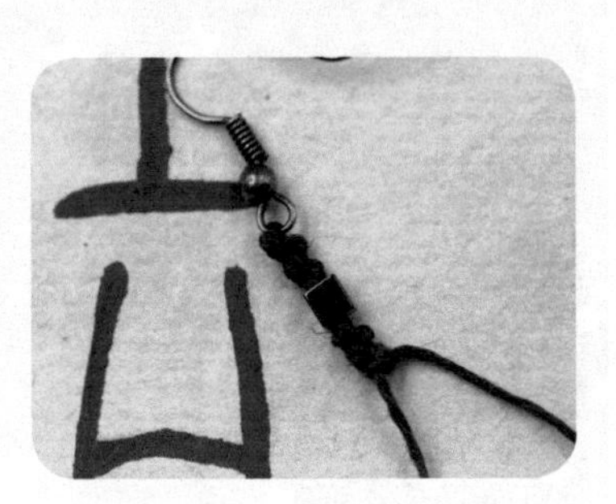

2 将麻绳穿过耳坠勾，编左右侧轮结，并将金属珠穿入。

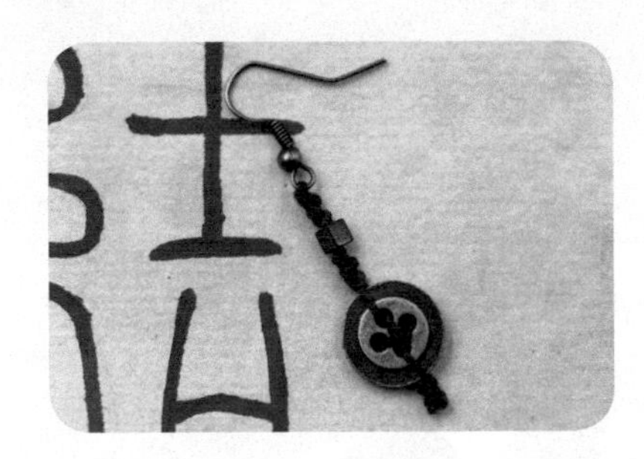

3 以缝扣子的方式将麻绳编入仿金属扣子孔中，然后继续编左右侧轮结做收尾。

4 完成。

71. 一起幸福

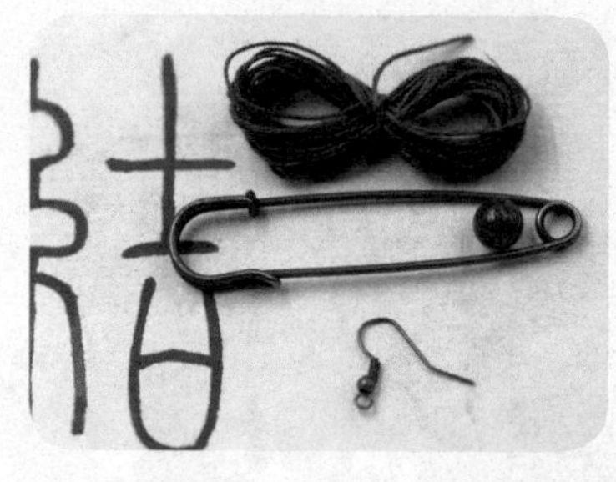

1 准备30厘米一号棕色麻绳、一个仿铜别针（大小自由）、一颗仿玉珠（或仿金属珠）、一个耳坠勾。

2 将麻绳穿入耳坠勾，然后穿上仿玉珠，再编两个金刚结防止滑脱。

3 用余下的绳在仿铜别针环孔处编雀头结。

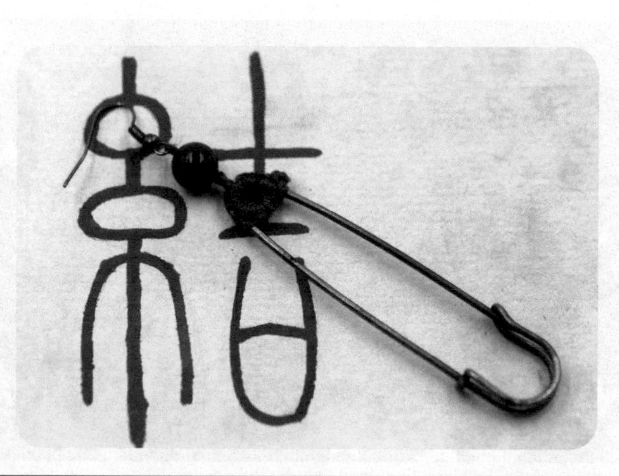

4 完成。

72. 自我介绍

1 准备八根5厘米的羽毛、30厘米一号粉色麻绳、30厘米一号蓝色麻绳、耳坠勾一对、一些米珠。

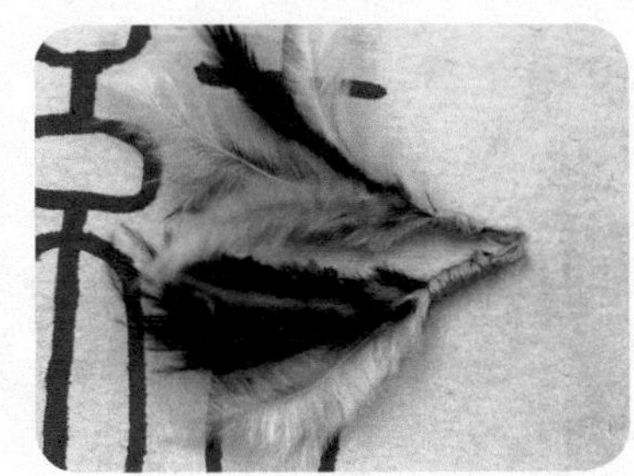

2 用麻绳以羽毛根部为轴做绕线，记得留出可穿入一根线的空间。

3 将麻绳穿入预留的孔中编平结，并将米珠编入。

4 将所有的麻绳穿入耳坠勾，用绕线收尾，在绳尾处穿入米珠，完成。

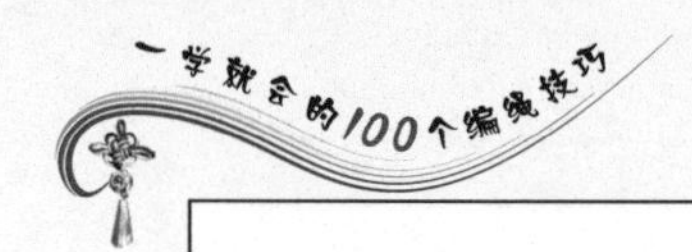

PART8 挂坠

73. 绅士

1 准备两根直径为2毫米的白色麻绳60厘米、两根直径为2毫米的蓝色麻绳60厘米、一个仿铜挂扣、一个仿铜环。

2 将四根麻绳对折，在仿铜挂扣上编雀头结。

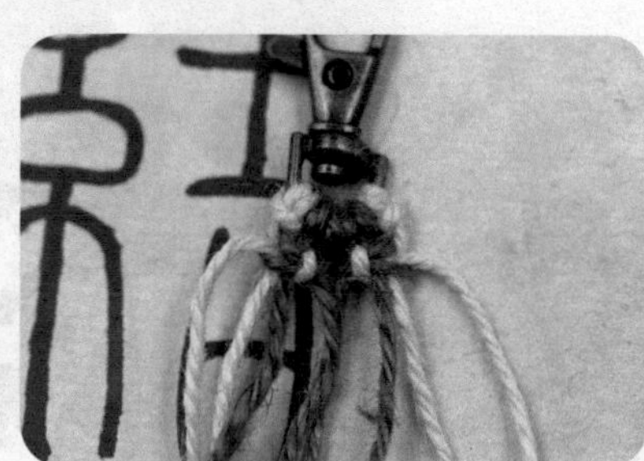

3 然后每四根麻绳为一组分别编一个平结。

4 选中间的四根麻绳为一组编一个平结。

5 外侧的两根麻绳分别编两个雀头结（左侧编左雀头结，右侧编右雀头结）。

6 重复以上步骤，编至6～8厘米长。

7 绕过仿铜环，将绳尾穿过雀头结后再编结固定。

8 完成。

74. 修炼

1 准备四根60厘米长的一号粉色麻绳、钥匙环一个、大玻璃珠一颗、亚克力小珠若干。

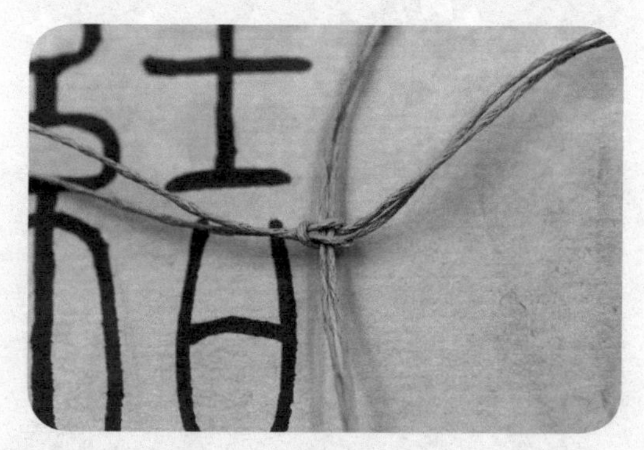

2 在四根绳正中央编一个平结。

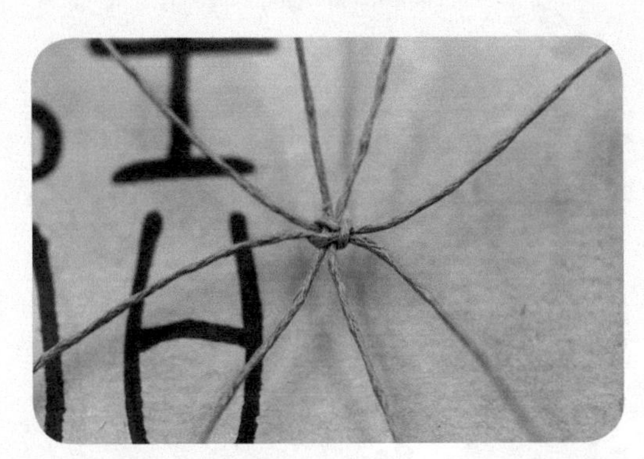

3 将绳平均分散。

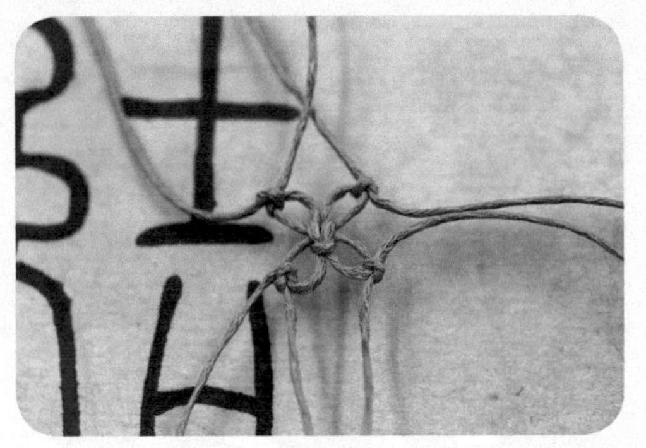

4 在距离中间5毫米处编两个本结。

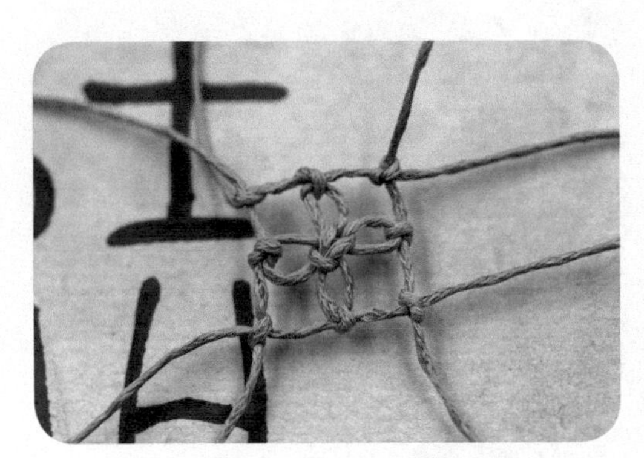

5 依次交换绳，继续在距离第二个结3毫米处编两个本结。

6 重复以上动作，直到可以包住事先准备好的那颗大玻璃珠。

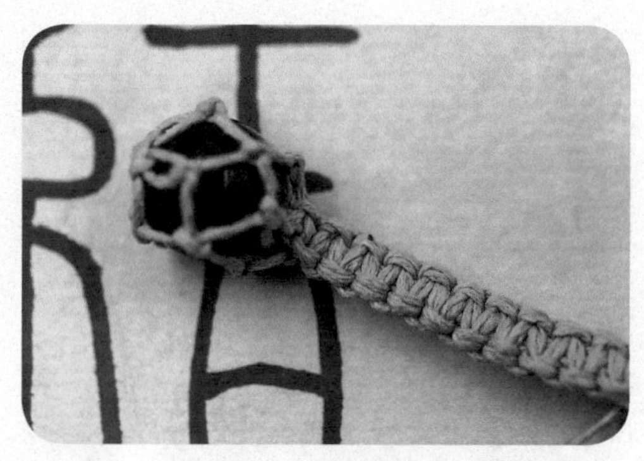

7 用余下的绳随便编绳结（这里编的是平结）。

8 穿过钥匙环，绕线收尾。

9 在绳尾处穿上喜欢的亚克力小珠，完成。

75. 共生

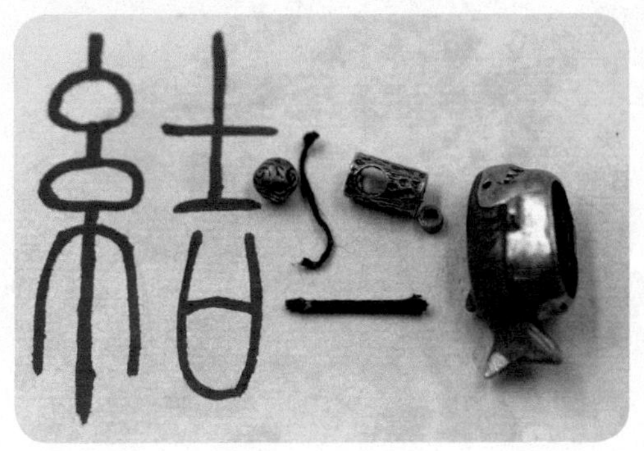

1 准备一个坏了的铃铛及其所有部件、20厘米长的黑色玉线一根（铃铛是金属材质，所以要选择四根偏暗色系的绳）、缝线若干。

2 拿出20厘米长的黑色玉线，对折后打个本结，穿上铃铛里面的金属珠，编防滑脱的结时一定要给金属珠留一些空间，让它可以活动，结与结之间也要留有空间，防止绳太硬变成“哑铃”。

3 穿入铃身内。

4 用缝线做个绕线。

5 因为缝线比较软，所以用缝线编了个两股辫（编两次：对折后再对折）。拿出四根偏暗色系的绳穿过线圈，对折后编八股辫。

6 然后再用黑色玉线编一个挂环。

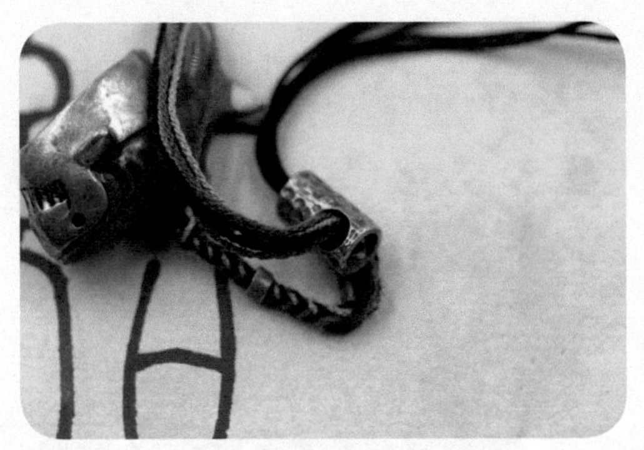

7 将铃铛上的绳子穿过金属挂环。

8 用绕线收尾。

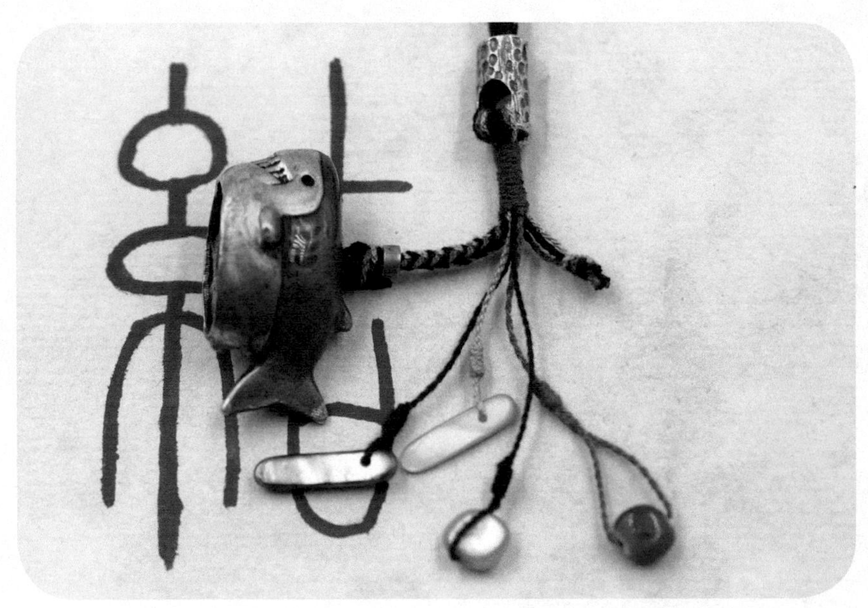

9 其余的绳可以剪短，也可以挂上一些贝壳、珠子等作为装饰。

76. 陪伴

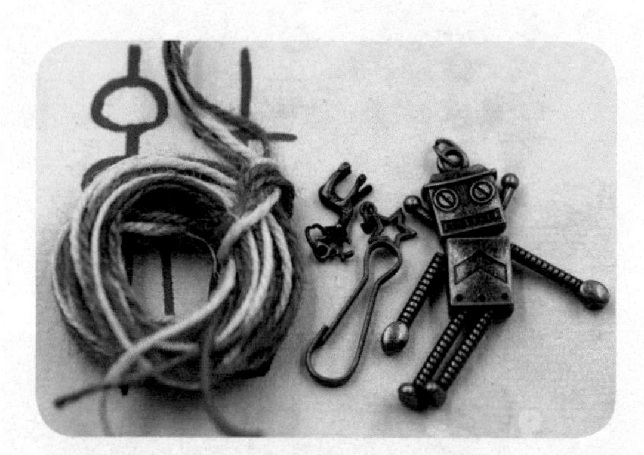

1 准备两种以上颜色的麻绳30厘米、一个仿铜钥匙扣以及仿铜挂件。

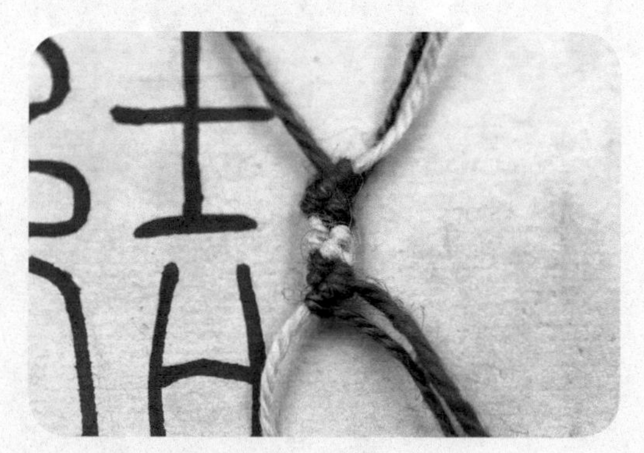

2 编8厘米斜卷结。

3 穿过仿铜钥匙扣。

4 余下的绳两根一组编两股辫。

5 将仿铜挂件穿上去，全部做绕线收尾。

6 完成。

77. 安静

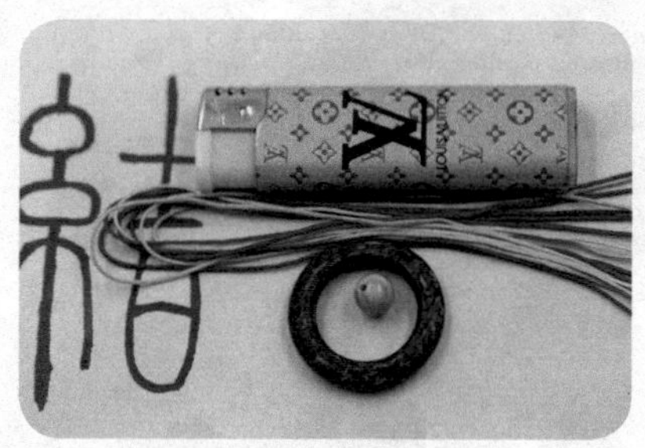

1 准备两种颜色的线各一根（每根长80厘米）、第三种颜色的绳若干、玉珠一颗、木环一个、打火机一个。

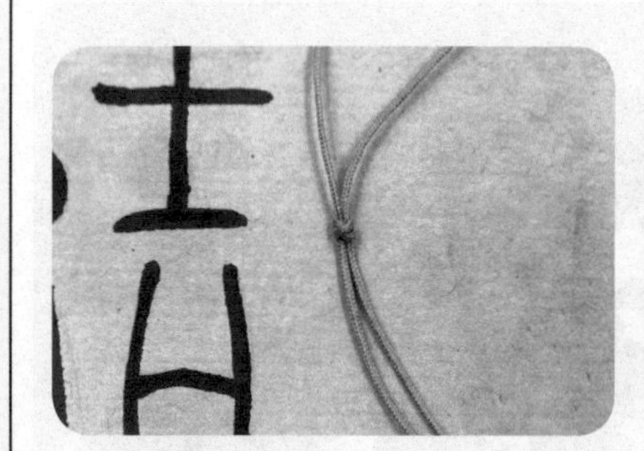

2 将其中一根玉线对折，预留3～5厘米的空间，编一个双联结。

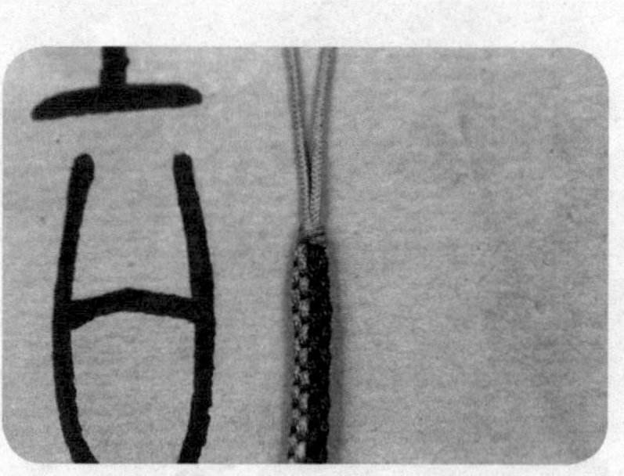

3 加入另一根玉线，编成方形玉米结。

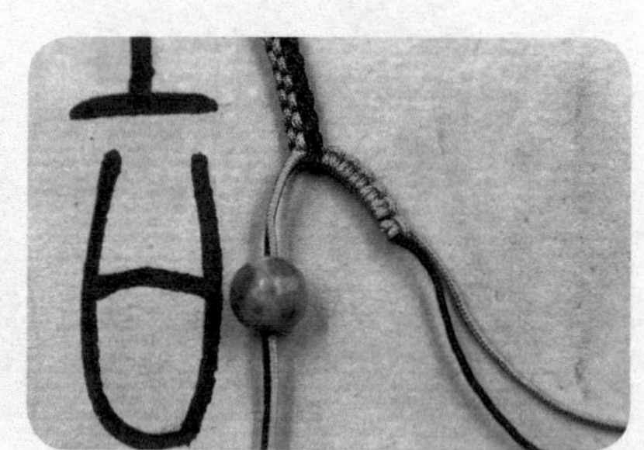

4 在玉米结尾部其中的两根玉线（不同颜色）穿入玉珠，并将另外两根玉线编成雀头结。

5 继续编方形玉米结，编至所需长度后分别在木环两侧编斜卷结，一根编左斜卷结，另一根编右斜卷结。

6 预留一部分空间。

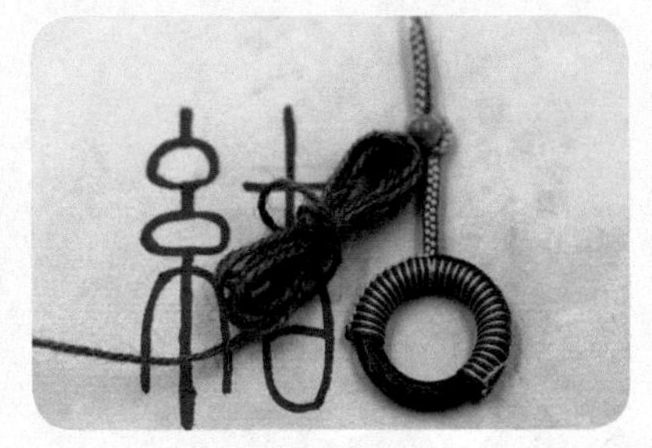

7 选择第三种颜色的绳补全剩下的空间。

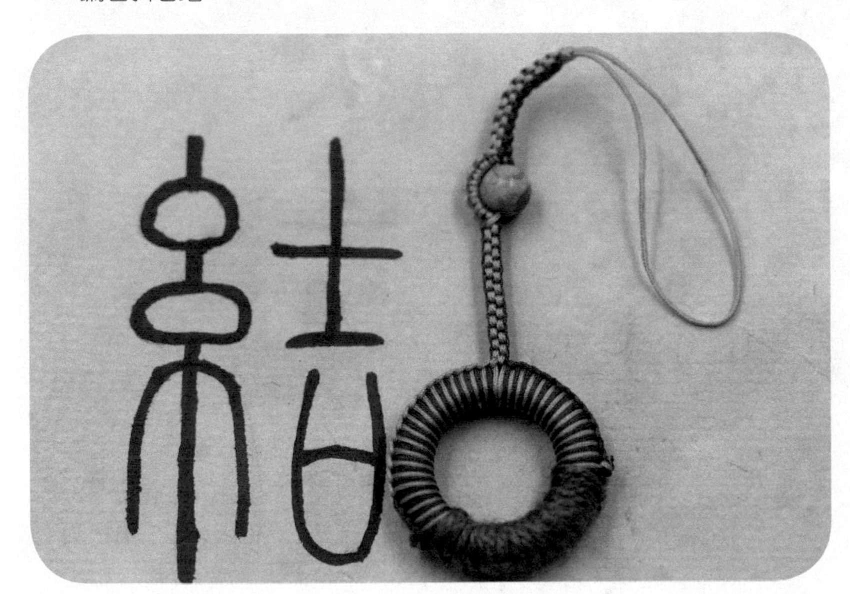

8 完成。

78. 甜甜

1 准备10厘米粉色玉线一根、40厘米粉色一号麻绳两根、5毫米木珠若干、开口环一个、咬线扣一个。

2 将麻绳穿过开口环编扭结。

3 每编1厘米加一颗木珠。

4 绕线收尾。

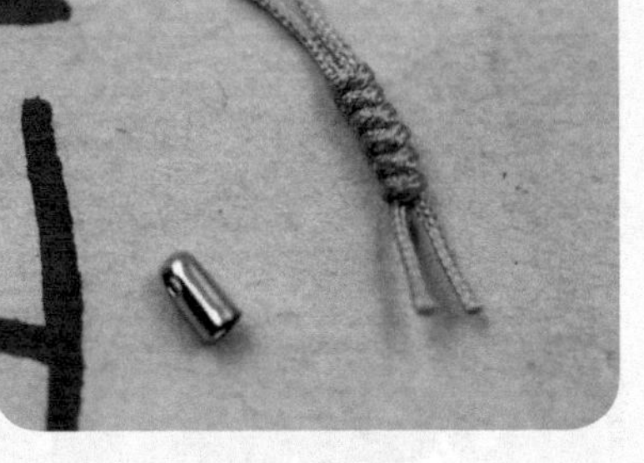

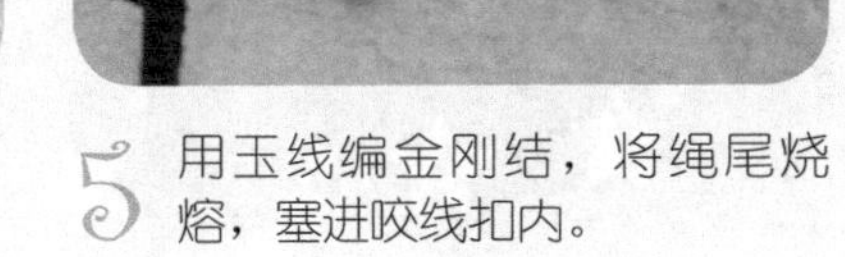

5 用玉线编金刚结，将绳尾烧熔，塞进咬线扣内。

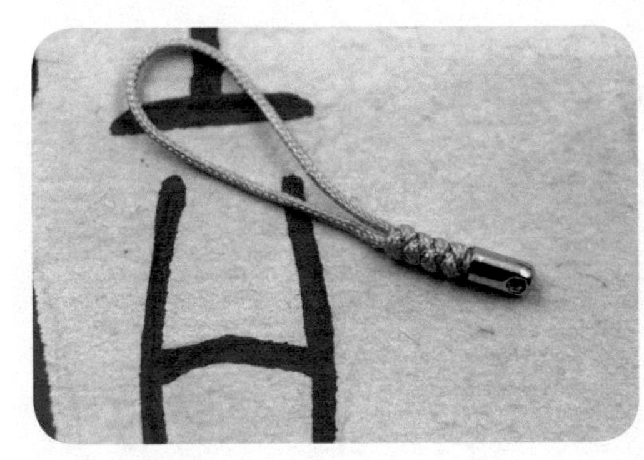

6 结果如图。

7 完成。

79. 若仙

1 准备粉色中国结五号线五根（每根长20厘米）、同色系玻璃珠一个、打火机一个。

2 将每根中国结五号线中间那根线扯开，中国结五号线会散开，成为流苏。

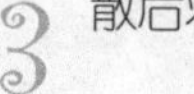

3 散后状态。

4 留出几根编成两股辫待用。

5 做一根穿上玻璃珠的挂绳。

6 将挂绳放在流苏线中，然后在流苏线正中进行捆绑。

7 将所有流苏线向下捋顺。

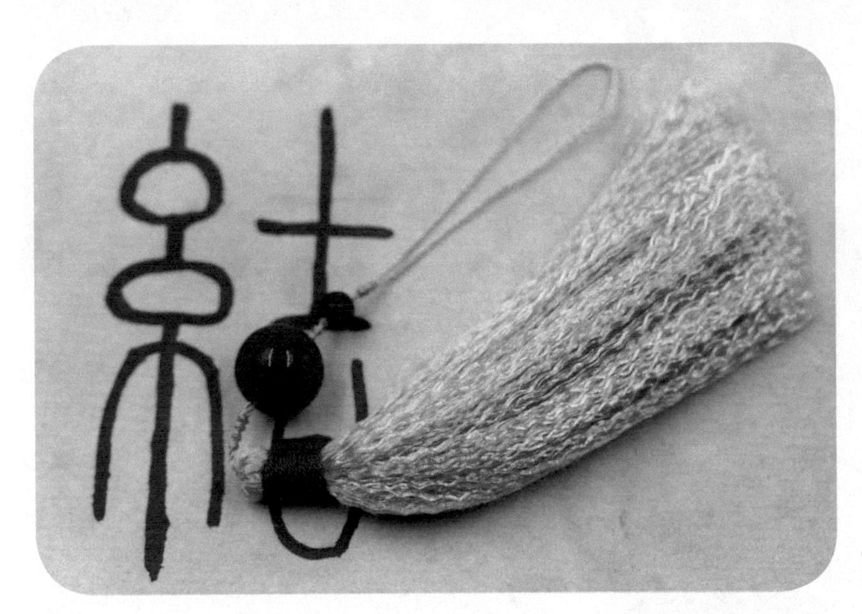

8 完成。

80. 莲

1 准备白色毛线，15厘米的20根为一组、20厘米的25根为一组、2厘米的30根为一组；然后将第一组取出10根，第二组取出15根，第三组取出15根，放入丙烯溶液里染出想要的颜色（粉色）。

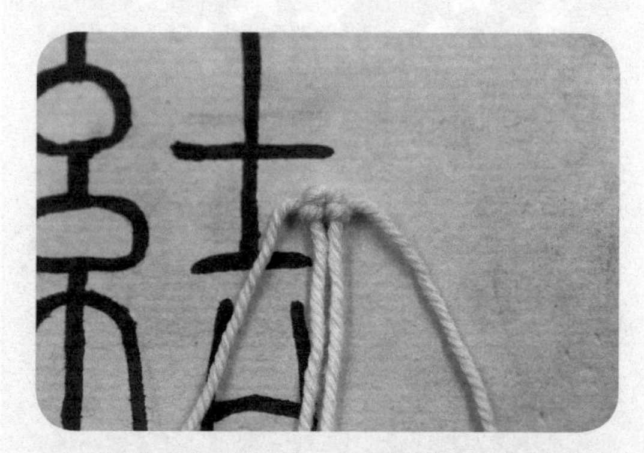

2 先使用粉色毛线，在两根同组线的正中编两个雀头结。

3 剩余线都围绕主线分别编两个雀头结，剩下结尾的两根主线，以其中一根为主线，另一根围绕主线编一个雀头结。

4 有几根线就编几层，这样编成一个花瓣。

5 每组编五个花瓣。

6 将一个花瓣上的绳穿入另一个花瓣。

7 在内侧将绳收紧，编一个反卷结，再将线剪断，将最大花朵的绳全部留下，不剪断。

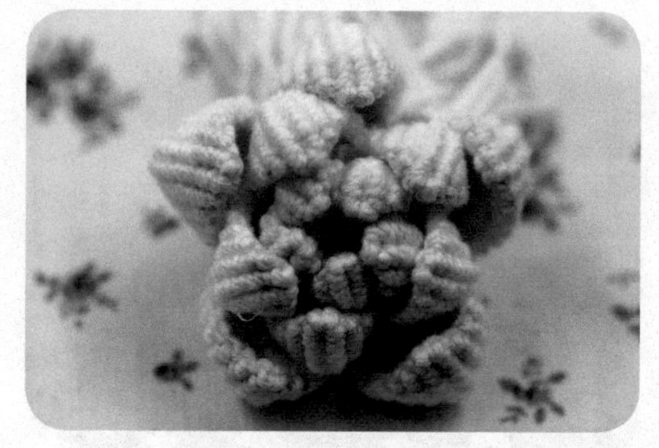

8 编完后形成完整花朵，将三个花朵套在一起。

9 编一个两股辫挂绳，穿过三个花朵。

10 绕线收尾。

11 绳尾编凤尾结。

12 完成。

81. 压襟

1 准备30厘米粉色玉线三根、玉扣两颗，隔珠、玉珠、玻璃珠、石珠若干，吊饰（原石）一颗。

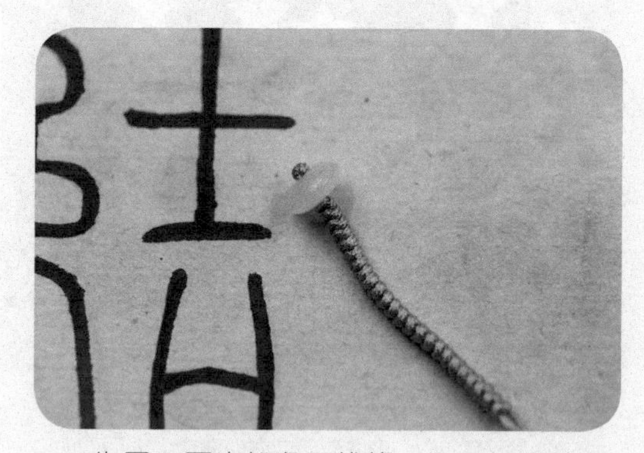

2 先用30厘米粉色玉线将一个玉扣编进去，编一段金刚结。

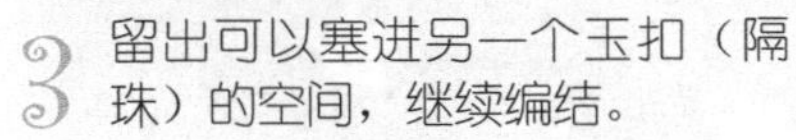

3 留出可以塞进另一个玉扣（隔珠）的空间，继续编结。

4 穿过隔珠，绕线收尾，然后将另外两根粉色玉线穿过隔珠。

5 其中一根玉线用金刚结编进三颗珠子（玉珠、玻璃珠、石珠），也可配一颗吊饰，然后绕线收尾。

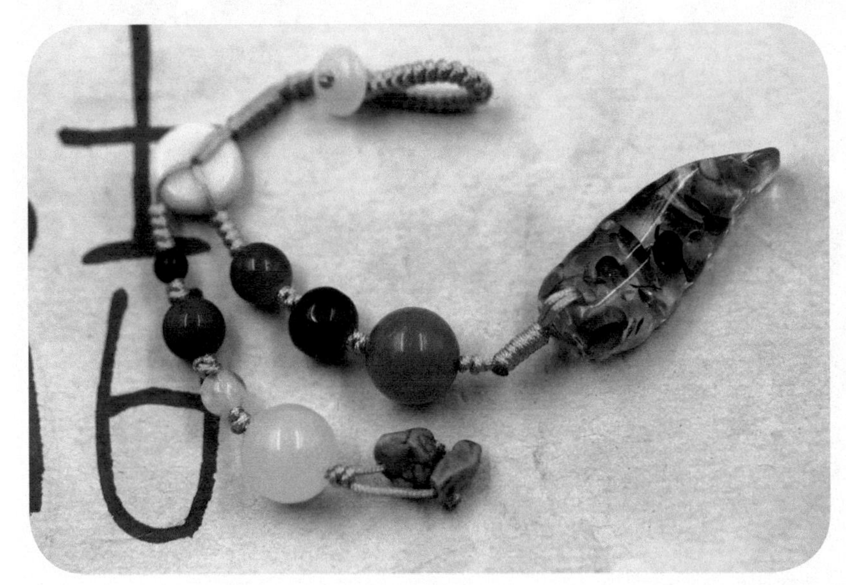

6 另一根玉线也编入珠子（玉珠、玻璃珠、石珠），用原石收尾，完成。

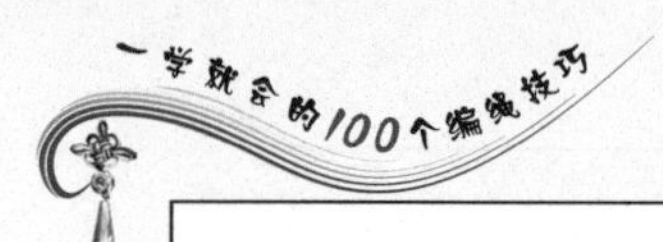

82. 捕梦

1 准备直径大于等于10厘米的金属环一个，各种珠子、红色麻绳、玉线、羽毛。

2 将麻绳围绕金属环缠绕。

3 用玉线在金属环上编雀头结，如果不会控制雀头结之间的间距，可以仿照钟表。

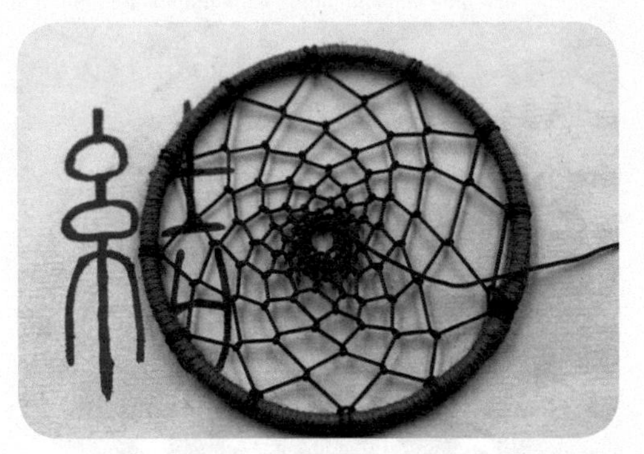

4 玉线尾部穿进每个雀头结中间的线段中，然后再绕一圈，去下一个线段，如此重复，直到编至中央。

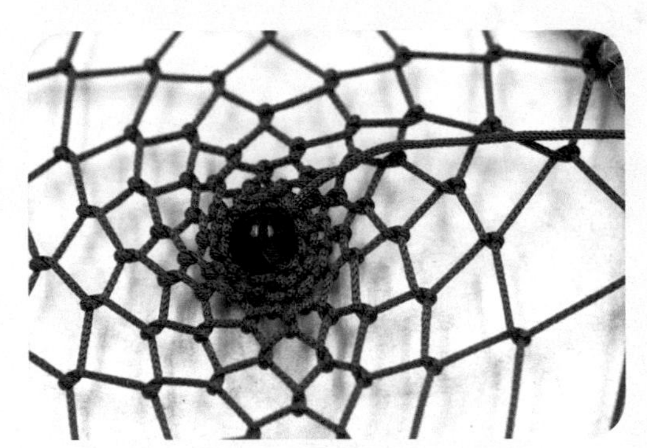

5 编到中央时编入一颗珠子，也可以在编其他地方时，编入几颗珠子。

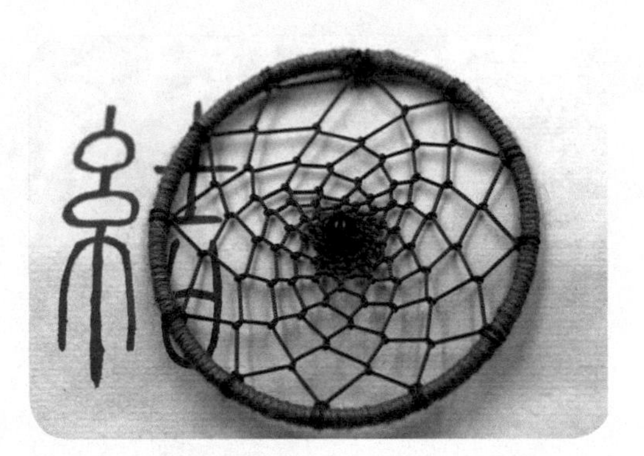

6 编入珠子后如图。

7 在金属环三点钟位置、六点钟位置、九点钟位置分别挂上穿有珠子的玉线。

8 最后用绕线将羽毛绕进去。

9 完成。

83. 慈悲

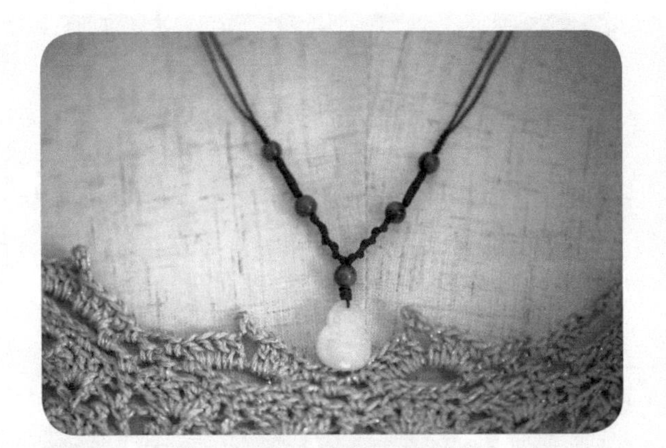

1 准备50厘米玉线两根、猫眼石五颗、玉吊坠一个。

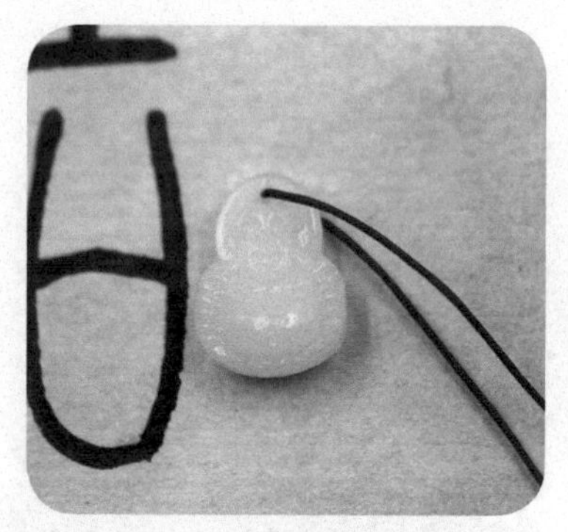

2 将玉吊坠用玉线穿上。

3 剪一小段玉线编两个平结，再穿上一颗猫眼石。

4 然后用两根玉线分别编3厘米的单向轮结。

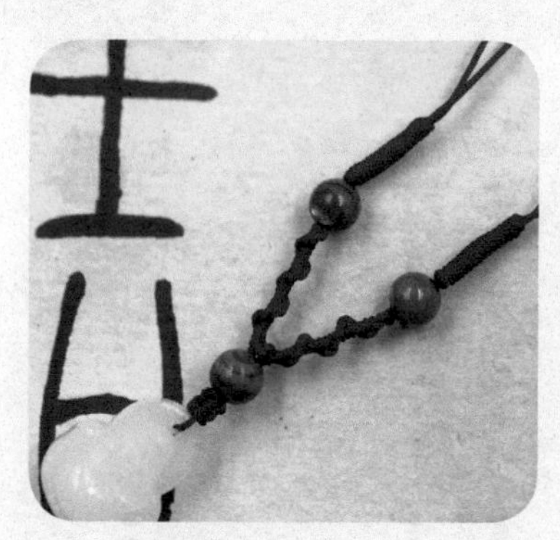

5 再穿入两颗猫眼石，编2厘米的绕线。

6 继续穿入两颗猫眼石，编五个金刚结。

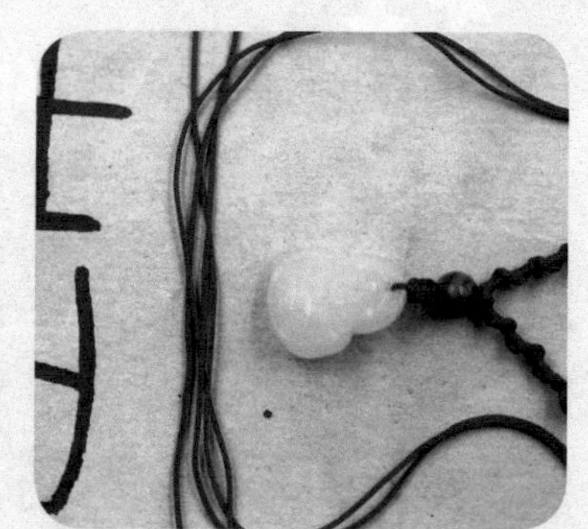

7 两端绳尾交叠。

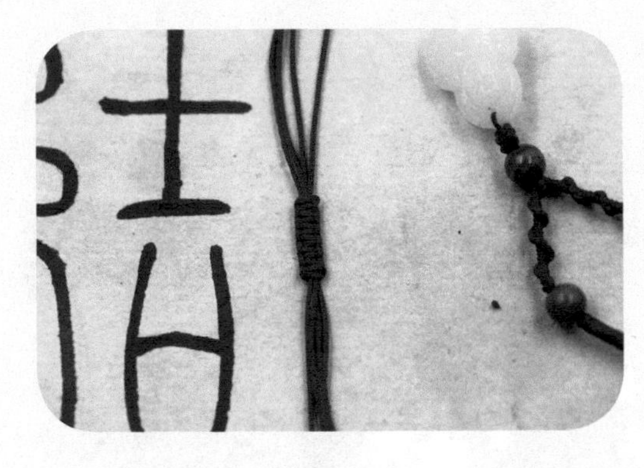

8 平结收尾。

9 完成。

84. 沙滩

1 准备40厘米棕色麻线一根、珍珠一颗，多孔贝壳片、贝壳吊坠、开口金属环、金属链、铃铛或小珠若干。

2 将开口金属环穿过贝壳片。

3 将珍珠和贝壳吊坠穿上金属链并吊在开口金属环上。

4 将铃铛穿上金属链，挂在贝壳片上。

5 将麻线穿上后编绕线。

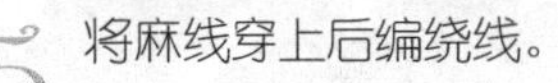

6 平结收尾。

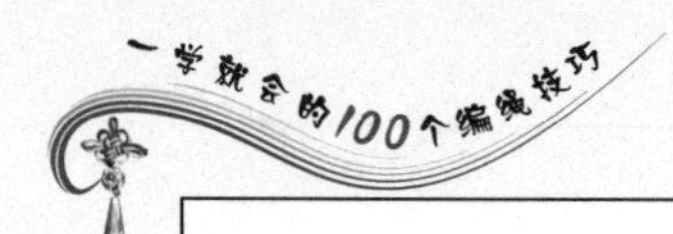

85. 我是一颗珍珠

1 准备30厘米黑色玉线两根、珍珠一颗。

2 将两根玉线穿过珍珠，做绕线。

3 间断编金刚结。

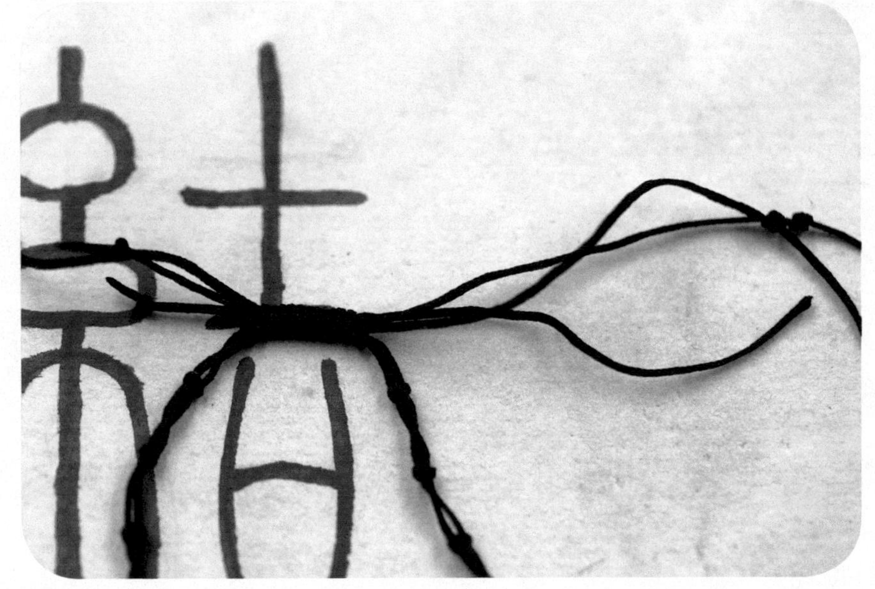

4 绕线收尾。

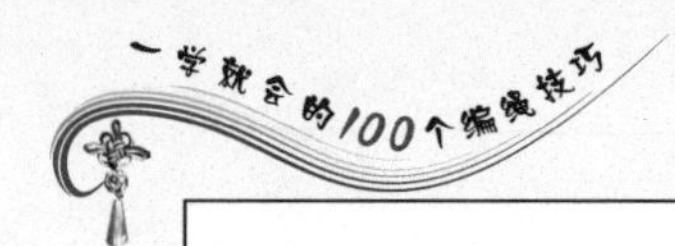

86. 复古是态度

1 准备30厘米绒绳五根、30厘米蜡绳一根、各种金属配饰、各种木珠。

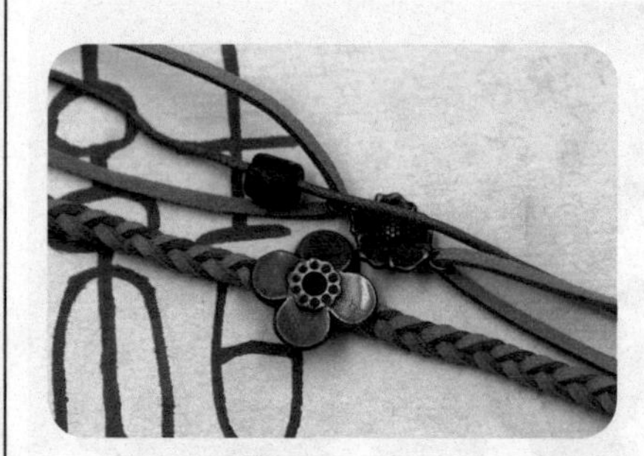

2 将三根绒绳编成三股辫，两根绒绳对折穿入带有耳圈的饰品上，蜡绳穿入木珠。

3 以交错的方式用绕线捆绑。

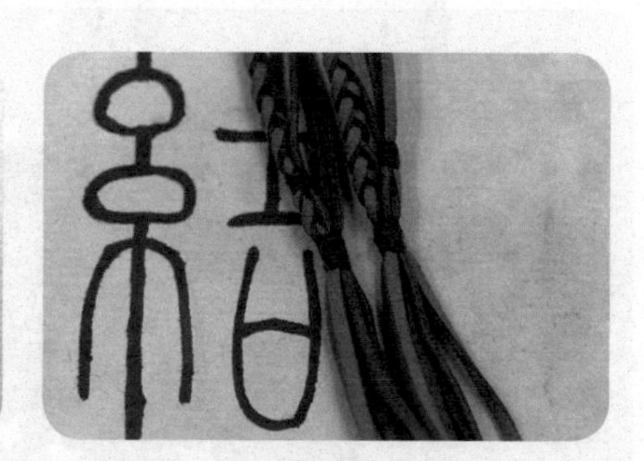

4 结尾也用绕线。

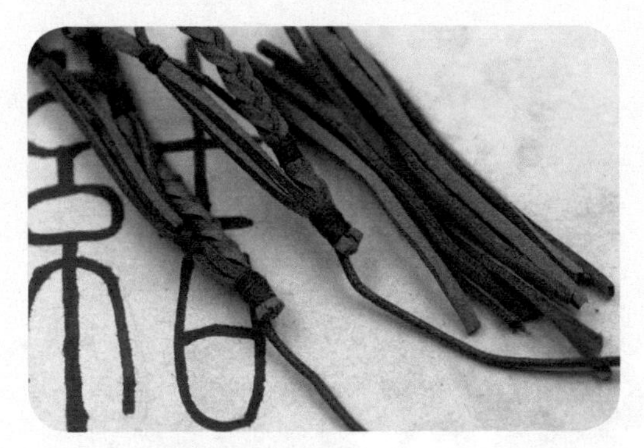

5 将绒绳全部剪掉，留下蜡绳。

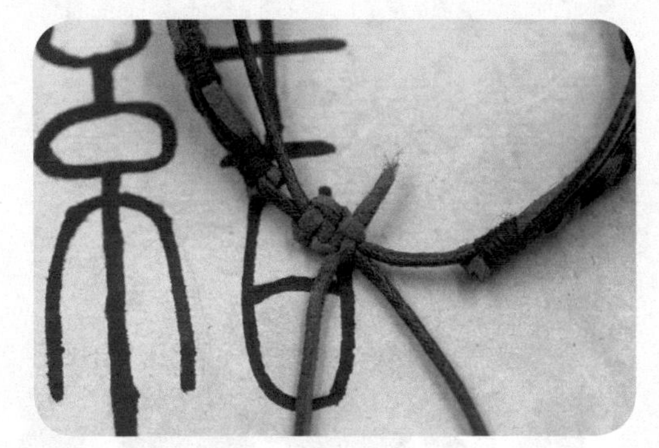

6 平结收尾。

7 蜡绳绳尾穿上木珠，完成。

87. 方孔古币

1 准备30厘米红色玉线两根、50厘米红色玉线两根、方孔币一枚。

2 用30厘米玉线在方孔币上分别编两个雀头结。

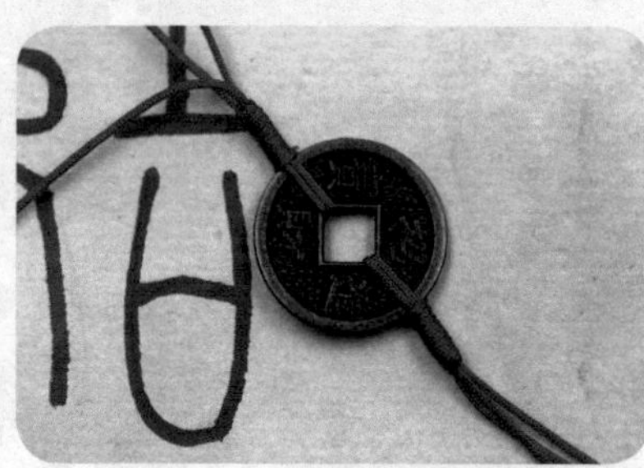

3 将50厘米玉线放入一起编绕线。

4 双线编织。

5 扣眼收尾。

6 完成。

88. 星空

1 准备50厘米玉线三根、蓝色菱形珠若干、蓝色隔珠一颗。

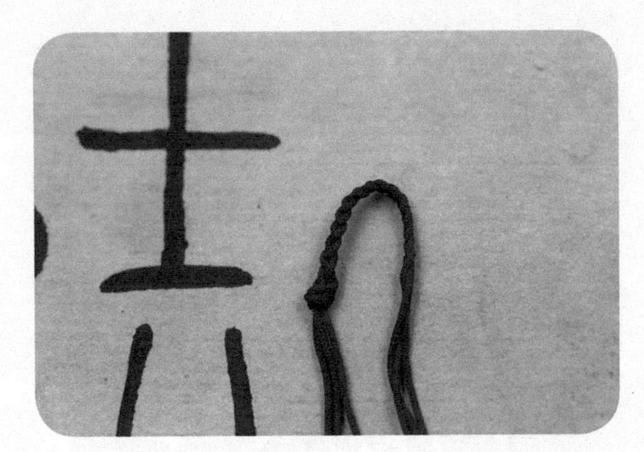

2 在三根玉线的20厘米处编个三股辫扣眼。

3 以三根较短的玉线为主线，三根较长的玉线围绕编做单向轮结。

4 编入菱形珠，每颗珠中间编个金刚结。

5 继续编单向轮结，长度和比例的控制以自己的手腕为基准。

6 绕线收尾，编入隔珠作为扣子。

7 完成。

89. 双全

1 准备80厘米玉线四根（红色）、30厘米玉线四根（红色）、5毫米亚克力珠八颗。

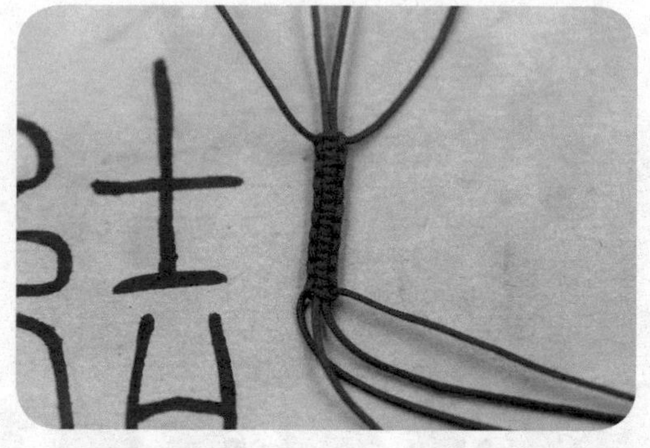

2 以30厘米玉线为主线，80厘米玉线为辅线，在正中央向两边延伸开始编平结。

3 编至足够长度，将两个平结编一个大的双联结。

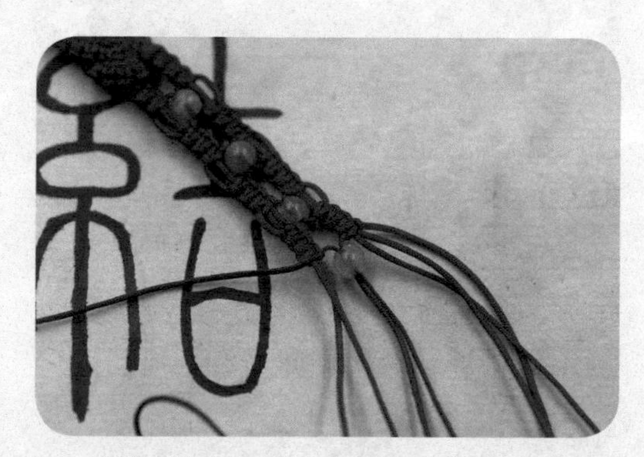

4 间断在两个平结内侧穿一颗亚克力珠，间距的控制以自己的手腕为基准。

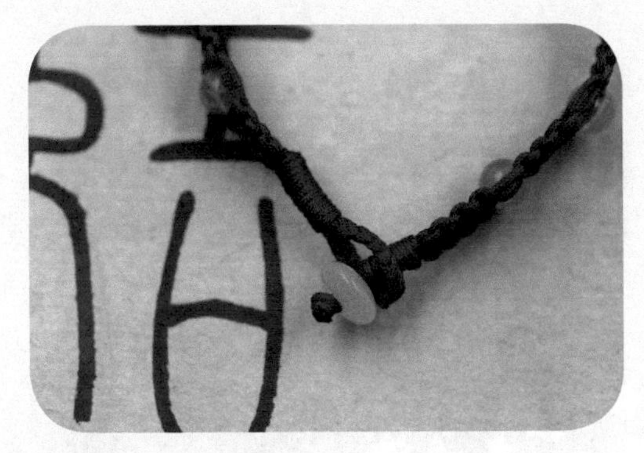

5 扣眼收尾。

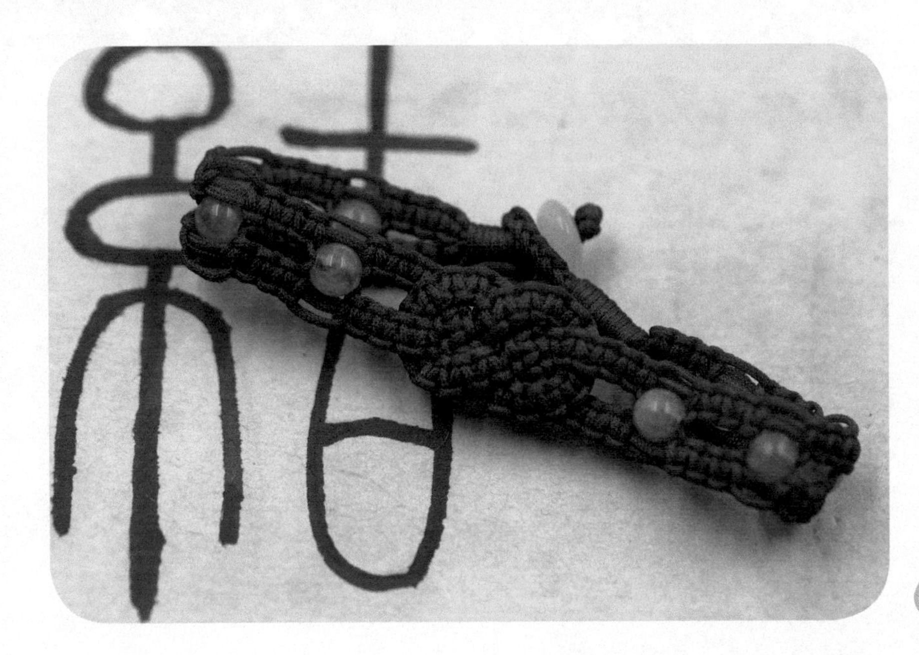

6 完成。

90. 殊途同归

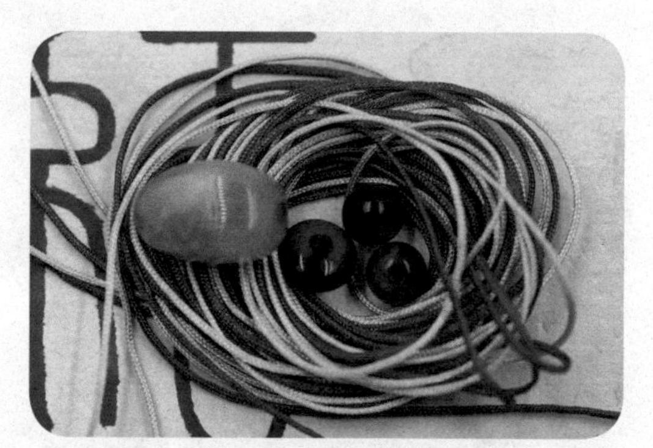

1 准备四根80厘米两种颜色的玉线、一颗亚克力珠、两颗小珠、一颗隔珠。

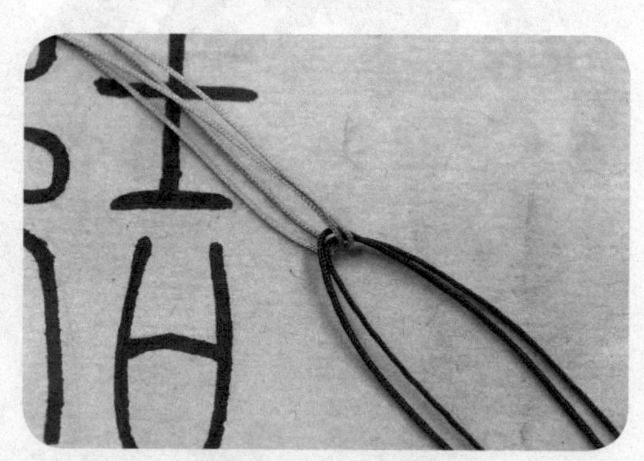

2 将玉线以互相拉扯的方式对折。

3 先穿入主珠（亚克力珠），然后在两端穿入小珠。

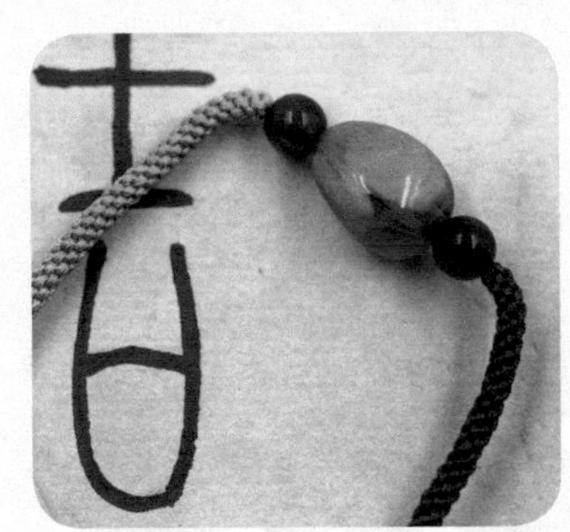

4 两端编圆形玉米结。

5 隔珠作为扣子，做个扣眼式收尾。

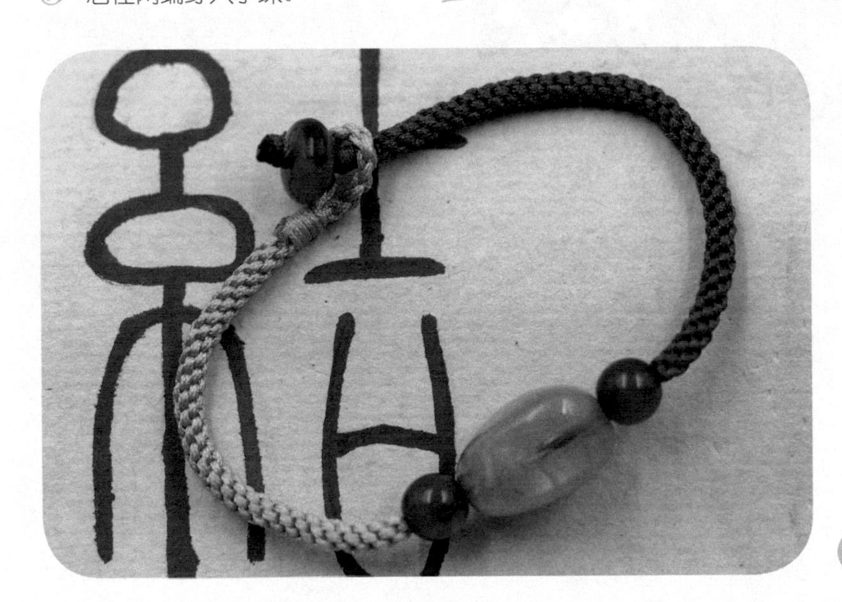

6 完成。

91. 半树桃花

1 准备40厘米黑绳四根、80厘米粉色玉线两根、木扣一枚、打火机一个。

2 首先用黑绳编绕线。

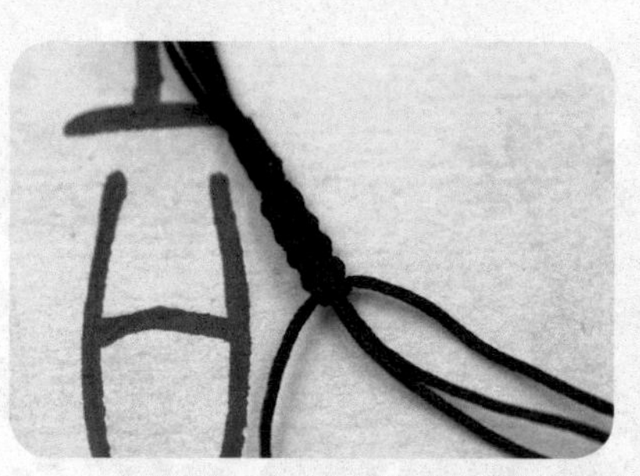

3 然后编五个平结。

4 加上粉色玉线编五瓣桃花结至所需长度。

5 将黑绳绕出来编五个平结。

6 编绕线后穿上木扣，烧去尾部。

7 完成。

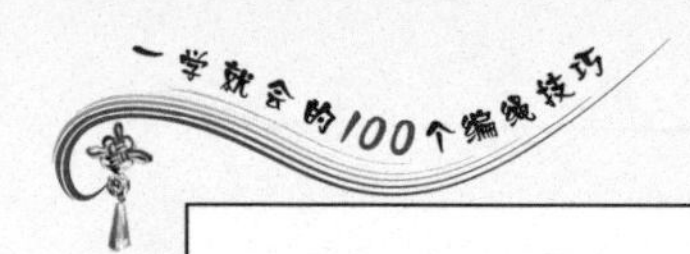

PART 10 脚链

92. 执念

1 准备80厘米红色玉线一根、仿铜铃铛或原色铃铛两个、相思豆一颗、牙签一根。

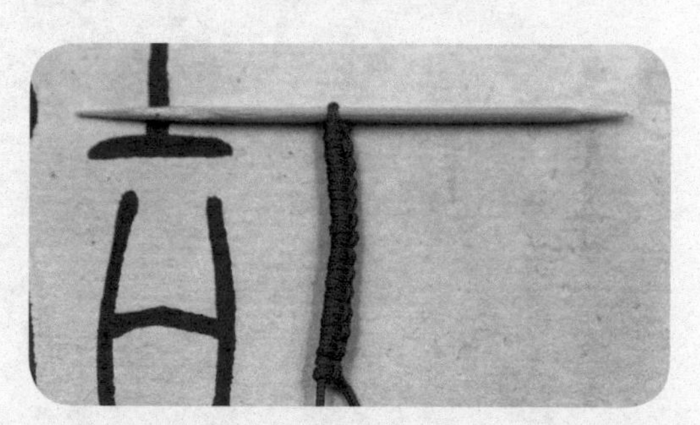

2 卡住牙签，将玉线对折，编一段雀头结。

3 将余下的玉线穿过预留的线孔。

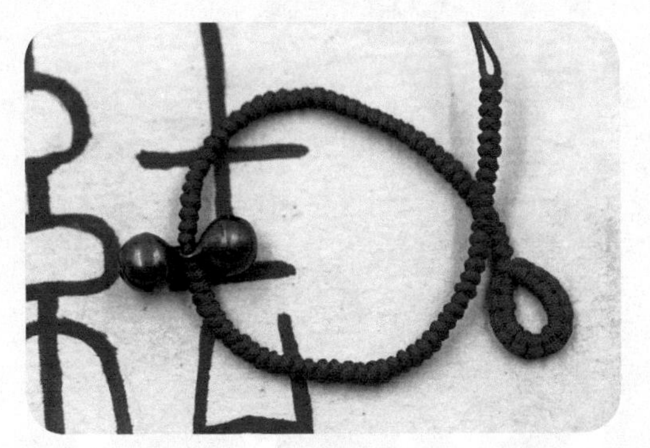

4 编金刚结，在结中间穿入两个铃铛，以相思豆作为扣子收尾。

5 完成。

93. 甜蜜

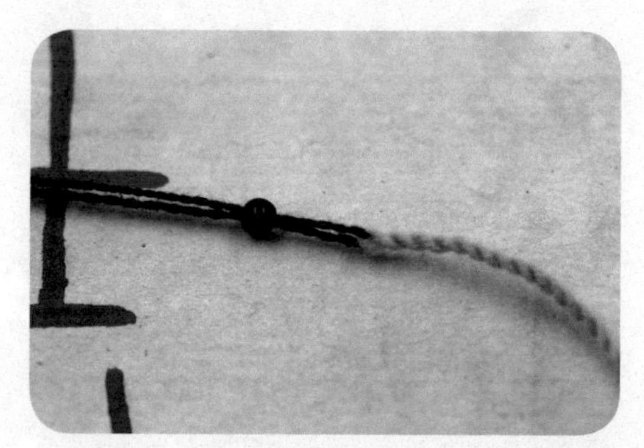

1 准备小珠子若干，50厘米两股辫毛线一根（因为毛线比较蓬松、比较软，为了方便串珠，在两股辫开端夹一根细线，串珠方式如图）。

2 这个脚链用单线锁结编，每编一个结，便编入一颗小珠子。

3 结尾收尾时将开端的细线穿入尾端的结扣里，将尾端的毛线也穿入结扣里。

4 将结扣收紧，再穿入小珠子收尾。

5 完成。

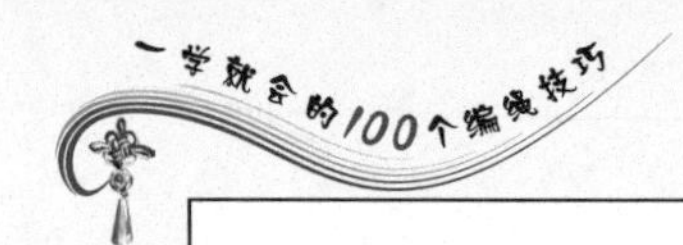

94. 怀念

1 准备用缝线编成的两股辫四根、各种颜色的米珠。

2 在四根两股辫中间穿入米珠。

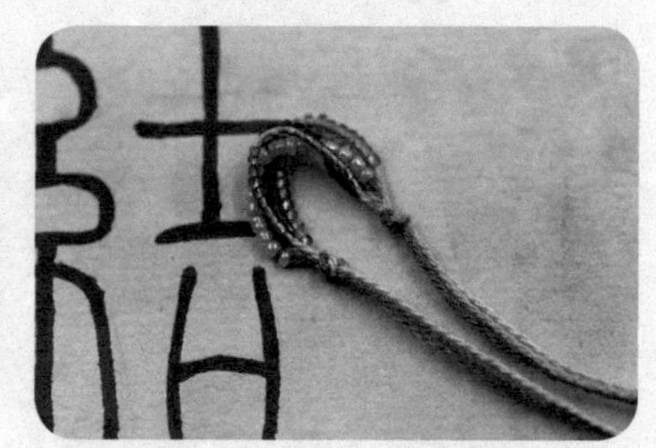

3 将四根两股辫合在一起，在两端编个结。

4 接下来编圆形玉米结。

5 绕线收尾，完成。

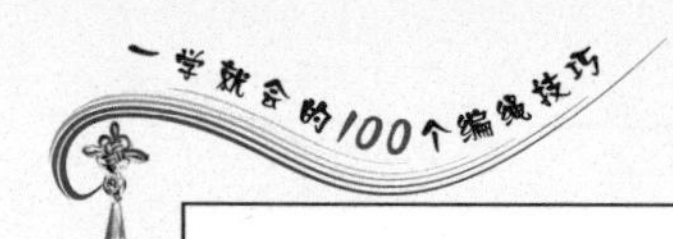

95. 释怀

1 准备15厘米紫色玉线一根、1米紫色玉线一根、米珠若干、木扣一枚。

2 用短玉线（辅线）围绕长玉线（主线）编雀头结，编成一个扣眼。

3 在辅线中穿入米珠。

4 围绕主线编一个雀头结，将米珠编在每个结的中间。

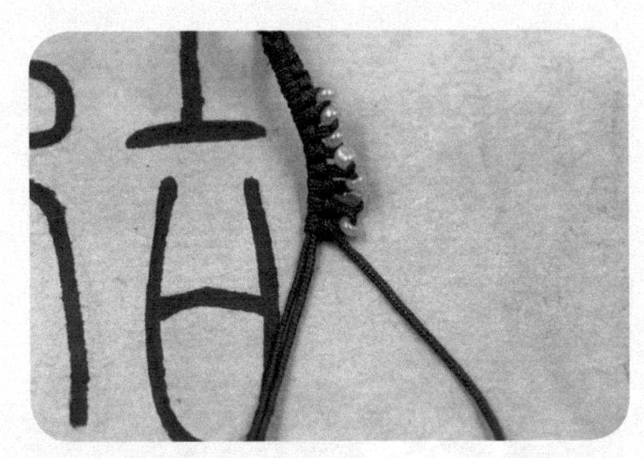

5 然后将下一个雀头结收紧。

6 将木扣穿入玉线，扣眼收尾。

7 完成。

96. 魔法戒指

1 准备用同色系缝线编成的两股辫两根，玉石、玉珠任选，铁筷子一根。

2 将两根两股辫对折，编平结。

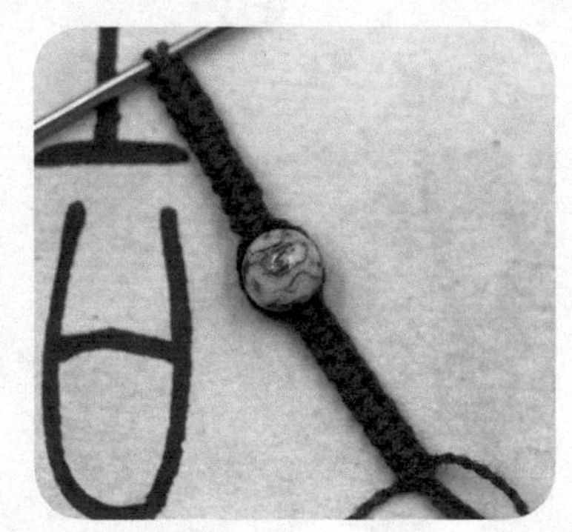

3 在结的中间穿入玉珠（玉石）。

4 将两股辫穿过开始预留的线孔。

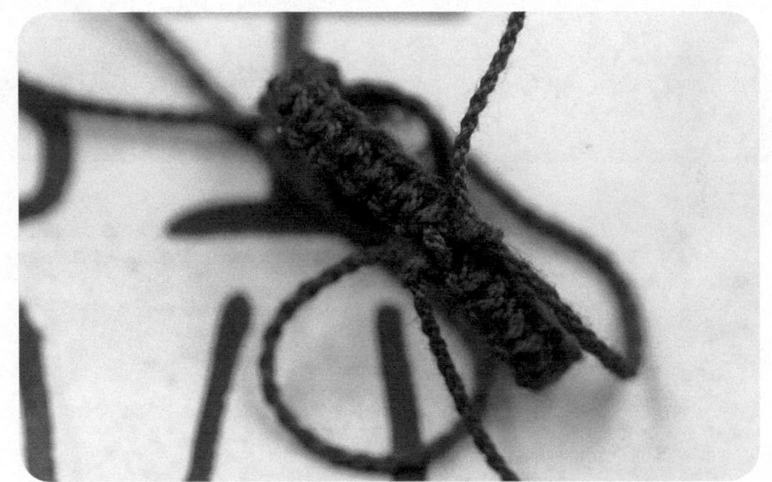

5 收线，完成。

97. 能量指环

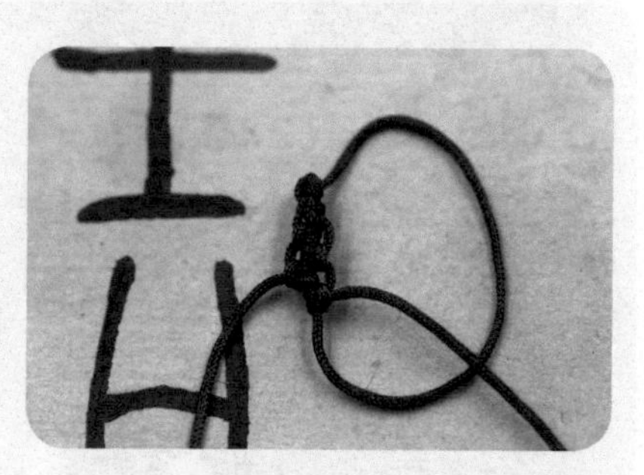

1 准备20厘米紫色玉线一根、5毫米木珠六颗。

2 将玉线对折，以自己手指为基准，编一个绳圈。

3 顺着绳圈编雀头结，左边编左雀头结，右边编右雀头结。

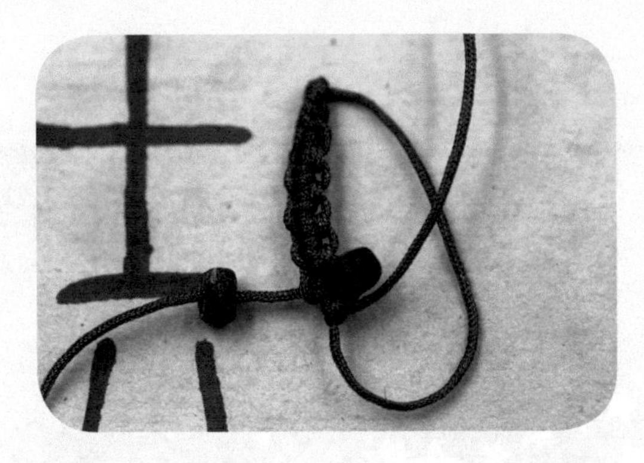

4 编至中间后一次性将木珠全部穿入。

5 完成。

98. 修仙戒指

1 准备20厘米粉色玉线一根、5毫米透明珠五颗。

2 用玉线编个绳圈，并将五颗透明珠编在绳圈里面。

3 先在绳圈尾部编一段平结。

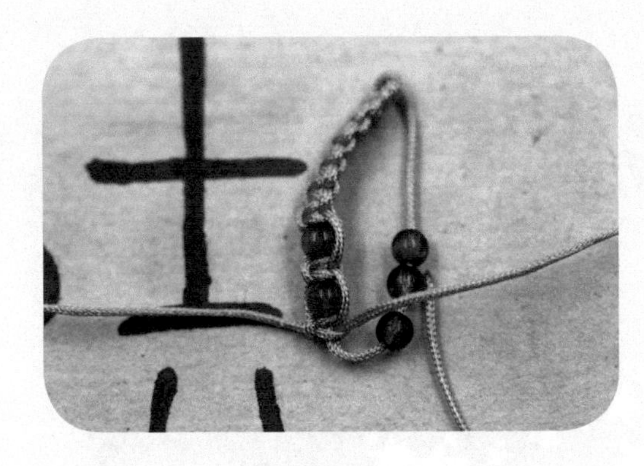

4 再依次将透明珠编入。

5 完成。

99. 给头发的奖励

1 准备80厘米用毛线编成的两股辫两根（不同颜色）、绑头发的弹力发圈两个。

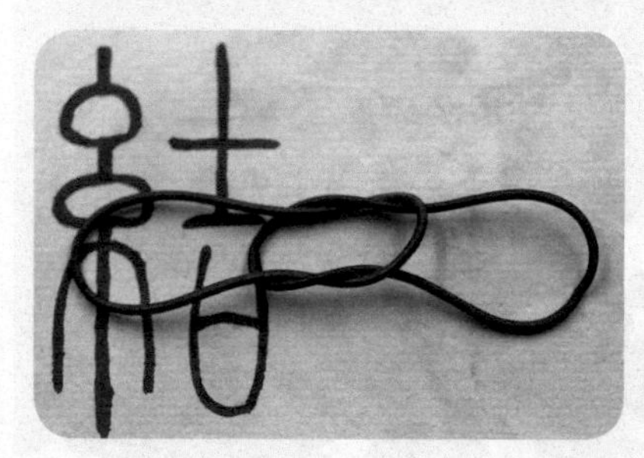

2 将两个发圈缠绕待用。

3 首先编两个金刚结。

4 然后编左右侧轮结。

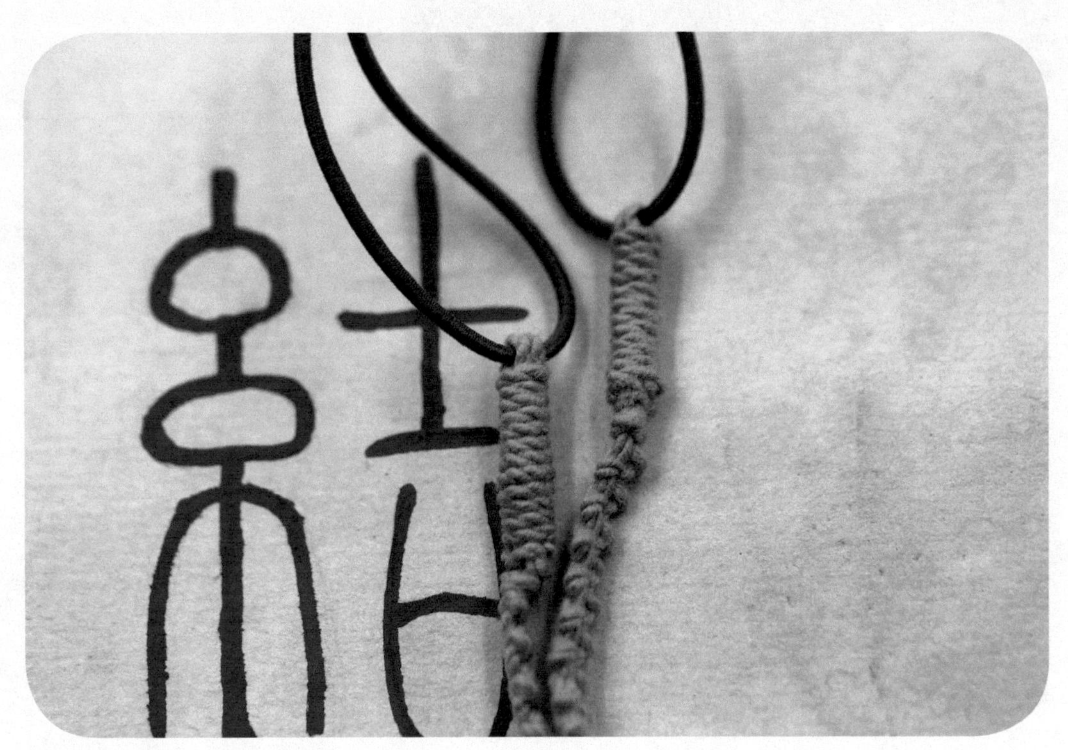

5 将绳尾分别穿过发圈两端，完成。

100. 青叶落发梢

1 准备30厘米暗色系毛线（或其他线、绳）九根、发卡一枚、热熔胶棒一根。

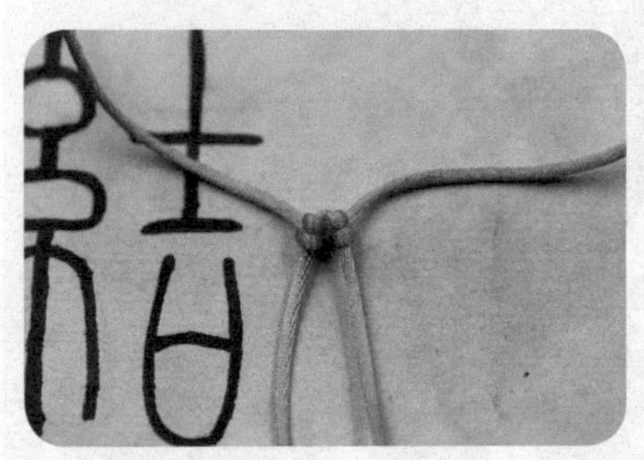

2 因为毛线编织不太明显，所以此处用中国结五号线代替。首先在第一根线中间编两个雀头结。

3 继续编第二根。

4 以两侧的第一根线为主线依次编两个雀头结，一侧编右雀头结，另一侧编左雀头结。

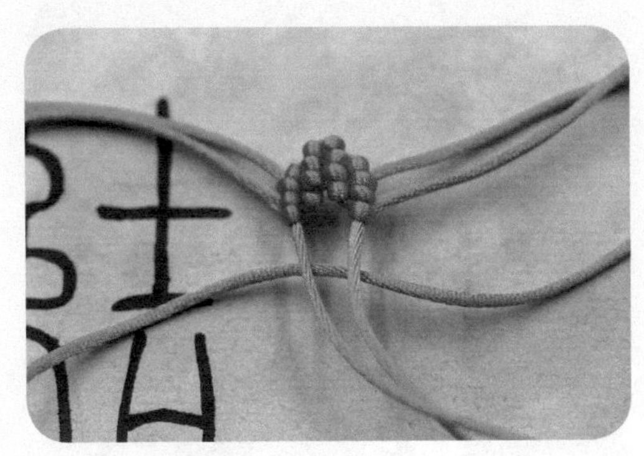

5 再加一根线。

6 编两个雀头结，然后再以两侧的第一根线为主线，依次编雀头结。

7 重复第三至第六步，编至所需长度。

8 只留两边最后的两根线，完成后将是一片叶子形状。

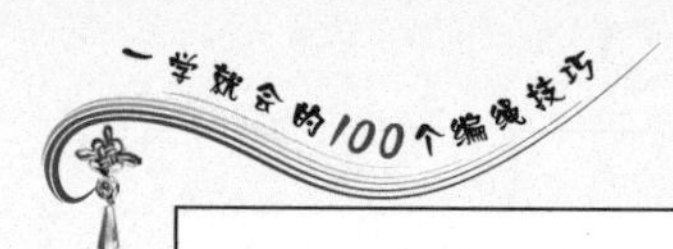

9 编两个平结为梗。

10 用热熔胶棒将叶子和发卡粘在一起。

11 完成。